全国专业技术人员新职业培训教程 ●●●

U0176533

人工智能
工程技术人员 （初级）
人工智能平台产品实现

人力资源社会保障部专业技术人员管理司　组织编写

中国人事出版社

图书在版编目（CIP）数据

人工智能工程技术人员：初级．人工智能平台产品实现 / 人力资源社会保障部专业技术人员管理司组织编写 . --北京：中国人事出版社，2023

全国专业技术人员新职业培训教程

ISBN 978-7-5129-1801-6

Ⅰ.①人… Ⅱ.①人… Ⅲ.①人工智能 - 应用 - 技术培训 - 教材 Ⅳ.①TP18

中国国家版本馆 CIP 数据核字（2023）第 089378 号

中国人事出版社出版发行

（北京市惠新东街 1 号 邮政编码：100029）

*

保定市中画美凯印刷有限公司印刷装订 新华书店经销

787 毫米 ×1092 毫米 16 开本 10.25 印张 154 千字

2023 年 6 月第 1 版 2023 年 6 月第 1 次印刷

定价：28.00 元

营销中心电话：400-606-6496

出版社网址：http://www.class.com.cn

本书编委会

指导委员会

主　　任：杨建军

副 主 任：吕卫锋

委　　员：龚怡宏　闵华清　陶建华

编审委员会

总 编 审：孙文龙

副总编审：吴东亚

主　　编：戴文渊

副 主 编：张　馨　卢瑞炜

编写人员：孙彦新　郑　曌　张　宇　黄振宁　黄智琪　高　悦　韩　晴

　　　　　马玉健　杨晴虹　单东琛　李成程　汤　倩　马　琳　沈芷月

　　　　　魏简康凯　高　畅　马星光　杨正辉　柴　可　张相卓　海晓东

　　　　　文　武　杨东立　王　珂　孔　娟

主审人员：张　震　赵毅强　白浩杰　丛培勇

出版说明

　　当今世界正经历百年未有之大变局，我国正处于实现中华民族伟大复兴关键时期。在全球经济低迷，我国加快形成以国内大循环为主体、国内国际双循环相互促进的新发展格局背景下，数字经济发挥着提振经济的重要作用。党的十九届五中全会提出，要发展战略性新兴产业，推动互联网、大数据、人工智能等同各产业深度融合，推动先进制造业集群发展，构建一批各具特色、优势互补、结构合理的战略性新兴产业增长引擎。"十四五"期间，数字经济将继续快速发展、全面发力，成为我国推动高质量发展的核心动力。

　　近年来，人工智能、物联网、大数据、云计算、数字化管理、智能制造、工业互联网、虚拟现实、区块链、集成电路等数字技术领域新职业不断涌现，这些新职业从业人员通过不断学习与探索，将推动科技创新、释放巨大能量，推动人们生产生活方式智能化、智慧化、数字化，推动传统产业转型升级，为经济高质量发展注入强劲活力。我国在技术、消费与应用领域具备数字经济创新领先优势，但还存在数字技术人才供给缺口较大、关键核心技术领域自主创新能力不足、数字经济与实体经济融合的深度和广度不够等问题。发展数字经济，推进数字产业化和产业数字化，推动数字经济和实体经济深度融合，急需培育壮大数字技术工程师队伍。

　　人力资源社会保障部会同有关行业主管部门将陆续制定颁布数字技术领域国家职业标准，坚持以职业活动为导向、以专业能力为核心，遵循人才成长规律，对从业人员的理论知识和专业能力提出综合性引导性培养标准，为加快培育数字技术人才提供基本依据。根据《人力资源社会保障部办公厅关于加强新职业培训工作的通知》（人社厅发〔2021〕28号）要求，为提高新职业培训的针对性、有效性，进一步发挥新职业培训促进更好就业的作用，人力资源社会保障部专业技术人员管理司组织相关领域的专家学者编写了全国专业技术人员新职业培训教程，供相关领域开展新职业培训使用。

本系列教程依据相应国家职业标准和培训大纲编写，划分初级、中级、高级三个等级，有的职业划分若干职业方向。教程紧贴数字技术人员职业活动特点，定位于全国平均水平，且是相关数字技术人员经过继续教育或岗位实践能够达到的水平，突出该职业领域的核心理论知识、主流技术及未来发展要求，为教学活动和培训考核提供规范和引导，将帮助广大有意或正在从事数字技术职业人员改善知识结构、掌握数字技术、提升创新能力。

希望本系列教程的出版，能够在加强数字技术人才队伍建设、推动数字经济快速发展中发挥支持作用。

目 录

第一章
人工智能平台产品实现基础

人工智能平台产品是深度学习技术应用和发展的重要领域，该领域的主要目标是通过应用程序编程接口、软件开发工具包等方式自动管理全周期人工智能闭环，为上游开发者提供高性能人工智能应用的赋能平台。人工智能平台产品是人工智能技术体系的重要组成部分。本章将介绍人工智能平台产品的基础知识、典型应用和人工智能产品类的职业发展。

● **职业功能：** 人工智能平台的基础知识。

● **工作内容：** 人工智能平台涉及机器学习框架优化、大数据处理优化、高性能计算、分布式计算等方向。

● **专业能力要求：** 能够学习相应的基础知识，了解人工智能平台产品典型应用，了解人工智能平台类职业发展方向。

● **相关知识要求：** 机器学习框架的使用方法，大数据技术基础知识，容器及虚拟化技术的基础知识，高性能计算、并行计算与分布式计算技术，网络拓扑和网络架构的技术细节和发展趋势，性能故障分析方法；了解软件工程、社会评价方法、现代工程咨询方法、社会伦理学知识；了解人工智能平台的典型应用；了解人工智能平台产品类的职业发展方向。

第一节　人工智能平台产品基础

考核知识点及能力要求：

- 大数据存储优化技术；

- 机器学习框架相关知识；

- 硬件资源的虚拟化；

- 高性能计算优化；

- 并行计算与分布式计算优化。

人工智能不同于其他信息技术类学科，人工智能的发展依赖于大数据与硬件算力，大数据是人工智能发展的助推剂，而硬件算力为人工智能算法的发展提供了根本保障，因此人工智能的发展需要能够提供数据和算力的平台作为支撑。

在人工智能应用的开发过程中，往往有很多重复、乏味且困难的工作流程，这些流程会加大开发成本和时间周期。为了降低成本，国内外多家公司提供了很多自动化工具来解决这一问题，通过数字化重复性任务，开发人员可以缩短开发周期，同时规避一些人为操作的错误，从而提高效率。

现在主流的机器学习平台涉及的方向包括大数据存储优化技术、机器学习框架、硬件资源的虚拟化、高性能计算优化、并行计算与分布式计算优化等。

例如在模型训练方面，主流的深度学习框架有 TensorFlow、PyTorch、PaddlePaddle等，传统机器学习框架有 XGBOOST、SVM–Light 等；模型统一表示工具有 ONNX、

PMML 等；模型推理加速框架有 TensorRT、TVM、OpenVINO、Paddle Lite 等；矩阵加速库有 MKL、cuBLAS、openBLAS 等；数据处理平台有 Spark、OpenCV 等；特征搜索工具有 FeatureTools、FeatureZero 等；模型训练并行化平台有参数服务、OpenMP 等；计算资源管理工具有 K8s、镜像仓库等。

一、大数据存储优化

随着训练数据的规模越来越大，大数据存储已从以前的 TB 级别升级到 PB 级别，使用合理的大数据处理工具进行数据存取、任务编排，才能充分利用数据特征。大数据处理流程主要包括数据收集、数据预处理、数据存储、数据处理与分析、数据展示/数据可视化、数据应用等环节，其中数据质量贯穿于整个大数据流程，每一个数据处理环节都会对大数据质量产生影响。

在数据收集过程中，数据源会影响大数据质量的真实性，数据收集完整性、一致性、准确性和安全性。大数据的预处理环节主要包括数据清理、数据集成、数据归约与数据转换等内容，可以大大提高大数据的总体质量，是大数据过程质量的体现。

大数据的分布式处理技术与存储形式、业务数据类型等相关，针对大数据处理的主要计算模型有 MapReduce 分布式计算框架、分布式内存计算系统、分布式流计算系统等。无论哪种大数据分布式处理与计算系统，都有利于提高大数据的价值性、可用性、时效性和准确性。大数据的类型和存储形式决定了其所采用的数据处理系统，而数据处理系统的性能与优劣直接影响大数据质量的价值性、可用性、时效性和准确性。因此在进行大数据处理时，要根据大数据类型选择合适的存储形式和数据处理系统，以实现大数据质量的最优化。

大数据分析技术主要包括已有数据的分布式统计分析技术和未知数据的分布式挖掘、深度学习技术。数据分析是大数据处理与应用的关键环节，它决定了大数据集合的价值性和可用性，以及分析预测结果的准确性。在数据分析环节，应根据大数据应用情境与决策需求，选择合适的数据分析技术，提高大数据分析结果的可用性、价值性和准确性。

数据可视化是指将大数据分析与预测结果以计算机图形或图像的直观方式显示给用户的过程，并可与用户进行交互式处理。数据可视化技术有利于发现大量业务数据中隐含的规律性信息，以支持管理决策。

二、机器学习框架

人工智能的核心是机器学习，机器学习的核心是算法。常见的算法可以分为两大阵营：①传统的机器学习算法：主要处理一些简单的应用场景以及结构化的数据；②非传统的机器学习算法：主要处理一些比较复杂的应用场景以及非结构化的数据或者多样化的数据。常见的算法如图 1-1 所示。

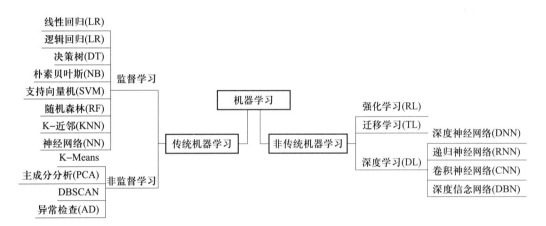

图 1-1　机器学习算法分类

机器学习框架主要是用来完成人工智能数据处理、特征提取、模型训练、模型部署等全周期流程。其中深度学习或深度神经网络（DNN）框架涵盖具有许多隐藏层的各种神经网络拓扑，这些层包括模式识别的多步骤过程，网络中的层越多，可以提取用于聚类和分类的特征越复杂。

机器学习框架的出现降低了入门的门槛，不需要从复杂的神经网络开始编写代码，可以根据需要使用已有的模型，模型的参数可以通过训练得到，同时可以在已有模型上增加新的层或者是在顶端选择自己需要的分类器。因此，没有什么框架是完美的，就像一套积木里可能没有适合当前场景的那种积木，所以不同的框架适用的领域不完全一致。

（一）深度学习训练框架

TensorFlow 是谷歌开源的第二代深度学习技术，被使用在谷歌搜索、图像识别以及邮箱的深度学习框架，是一个理想的 RNN（递归神经网络）API 和实现。TensorFlow 使用了向量运算的符号图方法，使得新网络的指定变得相当容易，支持快速开发。TensorFlow 支持使用 ARM/NEON 指令实现模型解码。该框架中的 TensorBoard 是一个非常好用的网络结构可视化工具，对于分析训练网络非常有用。相比于其他框架，TensorFlow 的缺点也很明显。速度慢、内存占用较大，且卷积也不支持动态输入尺寸，这些功能在 NLP 中非常有用。

Torch 是脸书（Facebook）公司力推的深度学习框架，主要开发语言是 C 和 Lua。有较好的灵活性和速度。它实现并且优化了基本的计算单元，使用者可以很简单地在此基础上实现自己的算法，不用浪费精力在计算优化上面。核心的计算单元使用 C 或者 CUDA 做了很好的优化。在此基础之上，使用 Lua 构建了常见的模型，速度最快。Torch 支持全面的卷积操作，以时间卷积为例，输入长度可变，对 NLP 非常有用。但是 Torch 的接口为 Lua 语言，需要一点时间来学习，但是后期增加了 PyTorch 版本，解决了上述问题。Torch 与 Caffe 一样，基于层的网络结构，其扩展性不好，对于新增加的层，需要自己实现。

MXNet 起源于卡内基梅隆大学和华盛顿大学。MXNet 是一个功能齐全，可编程和可扩展的深度学习框架，支持最先进的深度学习模式。MXNet 提供了混合编程模型（命令式和声明式）和大量编程语言的代码（包括 Python、C++、R、Scala、Julia、Matlab 和 JavaScript）的能力。MXNet 支持深度学习架构，如卷积神经网络（CNN）和循环神经网络（RNN），包括长短期记忆网络（LTSM）。该框架为成像、手写、语音识别、预测和自然语言处理提供了出色的功能。MXNet 具有强大的技术，包括扩展能力，如 GPU 并行性和内存镜像、编程器开发速度和可移植性。此外，MXNet 与 Apache（阿帕奇）、Hadoop YARN（一种通用的，分布式的应用程序管理框架）集成，使 MXNet 成为 TensorFlow 的竞争对手。2018 年，亚马逊宣布将 MXNet 作为亚马逊 AWS 最主要的深度学习框架。

PaddlePaddle 是由百度公司推出，它的设计和定位一直集中在"易用、高效、灵活、可扩展"上。因此对很多算法进行了完整的封装，不仅只针对目前现成的 CV、NLP 等算法（如 VGG、ResNet、LSTM、GRU 等），它在模型库 models 模块下，封装了词向量（包括 Hsigmoid 加速词向量训练和噪声对比估计加速词向量训练）、RNN 语言模型、点击率预估、文本分类、排序学习（信息检索和搜索引擎研究的核心问题之一）、结构化语义模型、命名实体识别、序列到序列学习、阅读理解、自动问答、图像分类、目标检测、场景文字识别、语音识别等多个技术领域人工智能的通用解决方案。

（二）传统机器学习工具

XGBoost 是一个优化的分布式梯度增强库，旨在实现高效、灵活和便携，XGBoost 在 Gradient Boosting 框架下实现机器学习算法。在数据科学方面，有大量的 Kaggle 选手选用 XGBoost 进行数据挖掘比赛，是各大数据科学比赛的必杀武器；在工业界大规模数据方面，XGBoost 的分布式版本有广泛的可移植性，支持在 Kubernetes、Hadoop、SGE、MPI、Dask 等各个分布式环境上运行，使得它可以很好地解决工业界大规模数据的问题。XGBoost 和 GBDT 两者都是 Boosting 方法，除工程实现、解决问题上的一些差异外，最大的不同就是目标函数的定义。

SVMlight 是约阿希姆为解决上面提到的大规模数据提出的实现工具，包含分类、回归、排序三种方法，基于分解理论，给出了行之有效的选择工作集的方法，还引入了连续收缩的思想，使得 SVM 问题只跟很少的支持向量相关，另外一个在计算上的改进就是引入了缓冲和增量更新梯度的思想，提出了新的算法终止标准，由于其具有速度快、准确率高等特点被广泛应用到研究和实际应用中。

（三）模型推理加速工具

训练好的深度学习模型在部署过程中，因为计算复杂度或参数冗余，在一些场景和设备上受到了限制，需要借助模型压缩、系统优化加速、异构计算等方法突破瓶颈，即分别在算法模型、计算图或算子优化以及硬件加速层面采取必要的手段。

模型压缩算法能够有效降低参数冗余，从而减少存储占用、通信带宽和计算复杂度，有助于深度学习的应用部署，具体可划分为量化、剪枝与 NAS 等主流方向。

量化：量化的过程是指权重或激活输出可以被聚类到一些离散、低精度的数值上，通常依赖于特定算法库或硬件平台的支持。若模型压缩之后，推理精度存在较大损失，可以通过微调予以修复。此外，模型压缩、优化加速策略可以联合使用，进而可获得更为极致的压缩比与加速比。量化后模型的参数类别一般为 INT4、INT8、FP16、BF16 等半精度数据结构。

模型剪枝优化：将深度学习模型裁剪为结构精简的网络模型，具体包括结构性剪枝与非结构性剪枝，用来解决模型中的稀疏性或过拟合倾向问题。非结构性剪枝通常是连接级、细粒度的剪枝方法，精度相对较高，但依赖于特定算法库或硬件平台的支持，如 Deep Compression、Sparse-Winograd 等；结构性剪枝是过滤级或表层级、粗粒度的剪枝方法，精度相对较低，但剪枝策略更为有效，不需要特定算法库或硬件平台的支持，能够直接在成熟的深度学习框架上运行。

异构计算方法：借助协处理硬件引擎，完成深度学习模型在数据中心或边缘计算领域的实际部署，包括 GPU、FPGA 或 DSA/ASIC 等。异构加速硬件可以选择定制方案，通常能效、性能会更高。显然，硬件性能提升带来的加速效果非常直观。

针对上述推理优化方案，主流的优化工具和库有英伟达公司的 TensorRT、开源加速框架 TVM、Tensor Comprehension，寒武纪公司的 CNRT，华为 OM 加速引擎等。

三、硬件资源的虚拟化

硬件资源的虚拟化是指使用资源采集的方式对 CPU、GPU、FPGA、ASIC 资源的信息汇总，通过智能异构资源统一描述进行约束度量，使资源采集能定期产生统一的 YAML/XML 资源说明，并按照异构资源统一描述的规则命名和输出，降低上层调度管理引擎对多类型异构资源融合管理及协同调度的复杂度。

在硬件资源虚拟化工具中，节点管控代理模块负责创建/回收虚拟化资源，其中原生的虚拟化运行时不支持绑定 FPGA、ASIC 智能设备，为使容器内可访问智能资源，需要完成基于容器的资源桥接访问与动态绑定技术。资源管理请求模块接收具体任务请求，调用资源分配/撤收模块完成资源相关操作。资源分配模块请求资源性能计算模块，通过异构资源池资源状况结合任务资源需求，计算具体异构资源分配数值。资源性能计算模块依据资源性能迭代分析模块的性能对比模型，得出异构资源的具体分配情况，返回给资源分配模块，最后资源分配模块调用节点管控代理控制器，完成虚拟资源融合管理与协同调度。

四、高性能计算优化

随着神经网络的参数数量和计算需求的增长，特别是等待数月的大型网络训练，需要在多节点、多智能加速硬件上高效并行加速。

在将神经网络的训练并行化到多 GPU 的过程中，需要必要的选择策略将不同的操作分配到不同 GPU 上。与模型并行技术不同，数据并行指的是将模型部署到很多设备上运行，如多个机器的 GPU，如图 1-2 所示。除非模型本身很大，一般不会采用模型并行，因为模型层与层之间存在串行逻辑，但是如果模型本身存在一些可以并行的单元，那么也可以利用模型并行来提升训练速度。

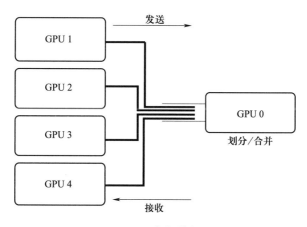

图 1-2　数据并行

数据并行方式与标准 SGD 一样，梯度下降是通过数据子集完成的，需要多次迭代才能在整个数据集中进行。在数据并行训练中，每个 GPU 具有整个神经网络模型的完整副本，并且对于每次迭代，仅分配小批量的样本子集。对于每次迭代，每个 GPU 在其数据上运行网络的前向传播，然后进行反向误差传播来计算相对于网络参数的丢失梯度。最后，GPU 彼此通信获取由不同 GPU 计算出的平均梯度，将平均梯度应用于权重以获得新的权重。但是，当模型具有数十亿个参数时，梯度可能占用千兆字节的空间，为了协调数量较多的 GPU，高效的通信机制变得至关重要。

五、并行计算与分布式计算优化

在大模型时代，算力往往会成为短板，那么如何解决算力问题？比较好的方案就是并行计算，或者说是分布式计算。分布式计算有许多种策略组成，常见的分布式策略有数据并行、模型并行、流水并行等。

（一）数据并行

数据并行是比较常见的并行化计算逻辑，是将训练数据做打散和分片，然后每张 GPU 卡取一部分数据进行计算，每张 GPU 卡保存着全部的模型信息，通过 All Reduce 算法的方式进行梯度更新，如图 1-3 所示，这里涉及很多通信优化的方案。数据并行经常跟模型并行、流水并行等模式一起使用。开源的一些框架，例如 Uber 开源的 Horovod 对数据并行及其他并行方式提供了很好的支持。

（二）模型并行

当一些模型的部分模块计算量明显高于其他模块的时候，会使用到模型并行的策略。例如，Resnet 模型做图像分类，当分类器的类别极大，要做几十万类别的区分，那么全连接层会变得特别的大，如图 1-4 所示。

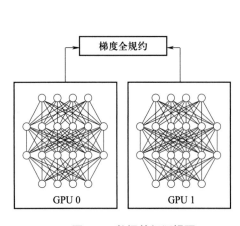

图 1-3　数据并行逻辑图

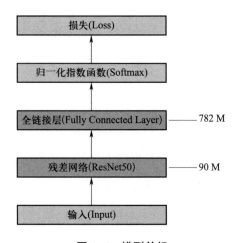

图 1-4　模型并行

分类数为 10 W 时，ResNet50 部分的模型权重大小为 89.6 MB，全连接层 FC 部分的模型权重大小为 781.6 MB，是前者的 8.7 倍。FC 部分的梯度同步无法良好地与 ResNet50 的后向计算重叠导致整轮迭代过程中的通信占比十分高，性能低下。针对 ResNet50 的大规模分类任务，将模型分为两个阶段。将阶段 0 的 ResNet50 部分通过数据并行策略复制 N 份到不同的卡中，进行数据并行。将阶段 1 的 FC 和 Softmax 函数部分通过算子拆分策略分片到不同卡中，进行模型并行。

（三）流水并行

上面介绍了模型并行，在执行模型并行的过程中极容易出现 GPU 等待的问题。例如一部分模型还在做梯度更新，而另一部分的模型这一轮已经更新完毕，以 Bert 类模型为例，经常会出现这样的状况。无论是模型并行还是流水并行，这些并行模式通常会混合使用，也就是混合并行计算。流水并行如图 1-5 所示。

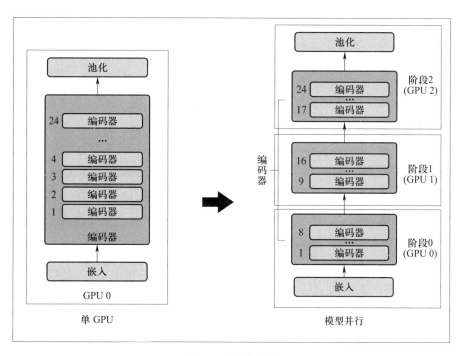

图 1-5　流水并行

第二节　人工智能产品典型应用

考核知识点及能力要求：

● 人工智能产品典型应用。

行业的痛点和问题在于，目前企业客户都是各人工智能应用独立建设，造成很多竖井式人工智能能力建设项目资源各自独立，不能复用；企业内部人工智能建设重复，人工智能资产管理分散，人工智能资产和能力无法得到有效继承，资源浪费较大；建模效率低，不同建模水平的人无法高低搭配。通过敏捷的产业智能应用开发方式，开发适用于企业实际业务场景的人工智能模型和应用，提升企业实现人工智能化的产业效率，真正将人工智能建设成为企业持续创新的核心竞争力。目前各行业的业务大多已实现信息化与数字化，也已经在多个业务场景中应用了人工智能技术，人工智能平台产品日益增多，在金融、教育、政府、能源、制造、通信、航空等行业应用。

以国内某家人工智能平台为例，由六部分组成，分别为人工智能中台管控平台、预测服务管理系统、模型开发中心平台、智能数据服务平台、零代码开发平台、模型交付平台。

一、人工智能中台管控平台

人工智能中台管控平台提供用户管理（组织 / 用户 / 角色）、资源管理（机器池 / 资源池 / 存储管理）、运维管理（监控 / 审计 / 告警 / 日志）、系统安全性等参数设置、执照管理、镜像管理等功能。支持外部认证技术对接，满足平台建设内部管理要求，支持外部系统协同对接等 IT 管理诉求。

人员管理包含三个部分，主要进行组织 – 项目、用户、角色等方面的管理，帮助企业进行"人"和"事"的精细管理。组织是用来管理用户所属组织架构，项目是用来进行同一目标的多任务、多实例的管理，通过组织 – 项目两级，达到项目间权限隔离、同组织或跨组织人员项目协作的目的。用户管理为企业客户提供统一身份、统一认证、单点登录等产品功能，以解决复杂的身份管理问题。角色管理是对企业内的不同职能角色的管理，主要用于平台的身份管理和访问控制，通过对不同员工授予不同权限，解决用户的集中授权与管理、资源分享与多用户协同工作等问题。

资源管理功能对计算资源和存储资源进行丰富灵活的使用控制。其中，计算资源为 CPU、内存、人工智能加速卡资源配额的集合，规定了一组计算资源的可用能力及使用量上限。通过机器池，可实现资源硬隔离，确保训练和预测服务调度在不同的机器上，或实现企业内部的管理要求。资源池支持共享或独占使用，通过资源池，达到项目之间计算资源的软隔离，避免单个项目占用过多资源导致整个平台不可用。支持灵活的资源池定义，通过定义资源类型（CPU/ 人工智能加速卡）及允许资源使用的服务达到灵活配置的目的，便于为不同服务提供对应的资源，提升资源的利用效率并降低企业成本。硬件方面，支持 GPU、XPU 等多种人工智能加速卡，对于主流的加速卡，支持 GPU 虚拟化（显存切分、算力分时共享）功能，提升 GPU 的利用率。调度策略方面，支持将 CPU 任务优先调度至 CPU 机器上，优化资源使用。

存储模块主要用于存放用户在平台使用过程中需要使用或产生的各类数据。整体存储资源管理包括存储源和存储卷两部分功能。其中，存储源主要用于管理存储集群的连接信息，支持多种类型的存储接入及使用（如 GlusterFS、HDFS、NFS、PVC 等，具备可扩展性）。存储卷对应存储集群的某个子目录，可绑定至组织或项目使用。用户可通过设置存储卷的"共享 / 私有"属性决定存储内部数据对不同项目的可见性，维护数据安全。

二、预测服务管理系统

预测服务管理系统提供全面的在线服务管理功能，满足不同模型业务场景的需要。

预测服务支持访问流量控制调度，支持在模型多版本之间的流量配置、切换，满足持续集成发布的需要。与平台权限和项目管理机制协同，为上层模型应用提供稳定和高效的预测服务。人工智能平台架构如图1-6所示。

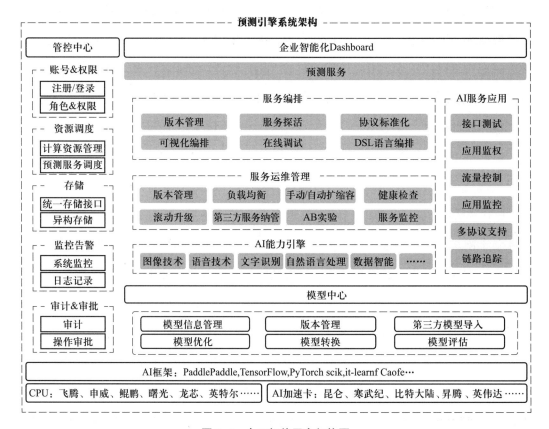

图1-6 人工智能平台架构图

三、模型开发中心平台

模型开发中心能帮助不同建模水平的人员提升建模效率，助力企业客户构建统一的人工智能基础设施，实现敏捷的产业智能应用开发，提升企业智能化效率，增强企业持续创新的核心竞争力。模型开发中心提供Notebook开发平台开发平台建模、可视化建模、作业建模、自动化建模、智能产线建模等多种建模方式，支持主流机器学习和深度学习开发框架，支持以自制Docker引擎镜像的形式来支持其他框架和第三方软件库，并且内置多种经典算子，多种调优后进行预模型训练。

模型开发中心提供机器学习和深度学习开发能力，支持 PaddlePaddle、TensorFlow、PyTorch、scikit-learn、XGBoost、SparkM-Llib 等开发框架。同时能够以自制 Docker 镜像的形式支持其他框架。平台提供交互式（Notebook 开发平台）、可视化（拖拽组件）、任务式（AutoML）、产线式等多种建模方式，适合不同研发能力的用户快速实现模型训练、评估和预测。平台提供 Open API/SDK 接口，便于上层业务应用无缝对接，支持客户的自有模型、第三方模型快速导入并发布成预测服务。产品设计层次分明、接口开放，方便与客户私有云环境、本地服务器、大数据平台、运维平台等已有 IT 工作环境进行有效对接。

平台提供可视化的实验开发环境，开发人员和业务人员根据场景和业务需求能够在交互式画布上直观地连接数据处理、特征工程、算法、模型预测和模型评估等组件，基于无代码方式实现人工智能模型开发。可视化建模在降低模型开发门槛的同时提升了建模的效率。内置数百个成熟的机器学习算法，支持多种算法框架，覆盖了机器学习和深度学习场景，满足用户不同程度的需求。即开即用的同时，提供自定义组件保持建模的灵活性。

四、智能数据服务平台

智能数据服务平台，支持面向各行各业有人工智能开发需求的企业用户及开发者提供一站式数据服务平台，主要围绕人工智能开发过程提供数据管理、数据清洗、数据标注（在线标注、智能标注、多人标注）等功能，如图 1-7 所示。目前智能数据服务平台已支持图片、文本、音频、视频、表格五类基础数据的处理。

同时智能数据服务平台与模型训练平台打通，将智能数据服务平台处理的数据应用于模型训练；也支持将模型预测结果回流到智能数据服务平台，以迭代模型效果。

智能数据服务平台为企业用户提供了数据集中管理的功能，帮助企业实现数据资产梳理、发挥数据价值。支持对图片、文本、音频、视频、表格五种类型的数据进行统一管理，支持用户对有标注数据和无标注数据的导入、导出、查看等操作。

数据查看功能提供根据数据来源、导入日期、标注日期等字段对有标注和无标注数据进行筛选及查看功能。

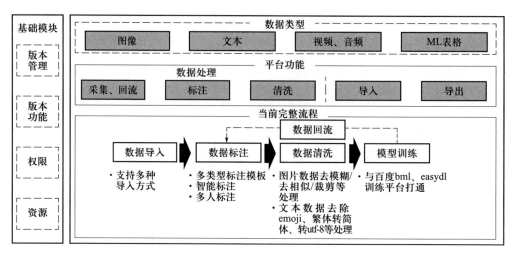

图 1-7 智能数据服务平台

智能数据服务平台提供针对图片、文本、视频、音频、机器学习表格（ML 表格）五类数据的批量导入、导出功能，支持将已标注 / 未标注的数据导入至选定的数据集。目前有本地上传和导入线上已有数据两种导入方式，客户可以根据实际的使用场景选择合适的方式，快速将数据导入相应的数据集。对同一数据集存在多个内容完全一致的图片，系统支持自动去重处理，以提升导入速度，节省资源空间。

智能数据服务平台提供数据清洗功能，支持对数据集中的图片进行去模糊、去近似、旋转、镜像等多种清洗，提升图片数据质量，方便进行下一步的图片数据标注等操作；同时，支持对数据集中的文本进行去除 emoji 表情、繁体转简体、去除 url、转 utf-8 等多种清洗，提升文本数据质量，方便进行下一步的文本数据标注等操作。

数据标注为算法训练和算法测试提供了基础支持，智能数据服务平台提供多种数据标注场景，供客户选择自有数据进行标注，系统会根据数据集类型、选择的标注分类及模板，展示对应的标注操作框，数据类型、标注类型及模板关联关系。

五、零代码开发平台

零代码开发平台面向业务开发者、零算法基础或追求高效率的开发人工智能模型的用户群体提供便捷高效的零代码建模方式。

零代码开发涵盖图像、视频、文本、语音、结构化数据五大方向，内置超大规模预训练模型，用户仅需根据实际业务场景简单勾选即可完成人工智能任务开发，同时提供完善的任务评估、校验机制助力用户便捷训练出高精度模型。

零代码开发平台覆盖图像、文本、语音、视频、结构化数据五大任务场景，为用户提供全任务类型的便捷模型开发服务。

零代码开发平台为模型训练提供完善的评估校验机制，模型训练完成后自动生成评估报告，帮助用户分析了解模型效果，便于后续进行模型针对性迭代。

六、模型交付平台

模型交付平台是人工智能模型的集中纳管、评估、优化转换处理场所，提供模型纳管、评估、优化、端适配及加密等功能。

模型纳管：可管理本平台训练得到的模型，也可导入第三方模型并进行统一管理。其中本平台训练模型可来源于 Notebook 开发平台建模、可视化建模、自动化建模及智能产线建模；第三方导入模型支持从本地上传或从存储选择模型文件，模型类型支持 TensorFlow、PaddlePaddle、ONNX、Sklearn、XGBoost、PMML。

多版本模型管理：可存储单个模型的多版本信息，包括版本号、模型来源、模型状态、模型类型、算法名称、评价指标等，便于对多版本模型进行比较，以决定需采用的具体模型。

发布模型为预测服务：可将模型发布为在线预测服务，并支持查看发布记录。

模型优化：可在不降低效果或在可承受范围内降低效果的情况下大幅压缩模型复杂度，提升模型性能，增加同等计算资源下预测推理服务的吞吐量，实现企业降本增效。当前支持 INT8、FP16、FP32 三种类型的优化。

模型转换：可对模型进行端适配，以将模型运行在不同架构、不同算力的设备之上，特别是算力相对较低的边端设备之上。

模型加密：可在模型导出等场景中对模型进行加密，保护企业的人工智能知识产权。

模型分享：可将模型分享至某个组织内或全平台。

第三节　人工智能产品类职业发展

考核知识点及能力要求：

● 人工智能产品类职业发展。

2021 年 9 月 29 日，人力资源社会保障部办公厅、工业和信息化部办公厅联合发布《人工智能工程技术人员国家职业技术技能标准》。

人工智能工程技术人员定义：从事与人工智能相关算法、深度学习等多种技术的分析、研究、开发，并对人工智能系统进行设计、优化、运维、管理和应用的工程技术人员。人工智能工程技术人员主要工作任务有：

（1）分析、研究人工智能算法、深度学习等技术并加以应用；

（2）研究、开发、应用人工智能指令、算法；

（3）规划、设计、开发基于人工智能算法的芯片；

（4）研发、应用、优化语言识别、语义识别、图像识别、生物特征识别等人工智能技术；

（5）设计、集成、管理、部署人工智能软硬件系统；

（6）设计、开发人工智能系统解决方案。

工业和信息化部关于印发《促进新一代人工智能产业发展三年行动计划（2018—2020 年）》的通知，工信部科〔2017〕315 号文件中指出，以信息技术与制造技术深度融合为主线，推动新一代人工智能技术的产业化与集成应用，发展高端智能产品，夯实核心基础，提升智能制造水平，完善公共支撑体系，促进新一代人工智能产业发展，推动制造强国和网络强国建设，助力实体经济转型升级。

以市场需求为牵引，积极培育人工智能创新产品和服务，促进人工智能技术的产业化，推动智能产品在工业、医疗、交通、农业、金融、物流、教育、文化、旅游等领域的集成应用。

我国政府高度重视人工智能发展，将新一代人工智能技术的产业化和集成应用作为发展重点。

一、当前就业人群分析

（一）人工智能企业总量与分布状况

人工智能企业可划分为基础层、技术层和应用层。基础层以人工智能芯片、计算机语言、算法架构等研发为主；技术层以计算机视觉、智能语言、自然语言处理等应用算法研发为主；应用层以人工智能技术集成与应用开发为主。

（二）人工智能产业市场规模

近几年，人工智能技术在实体经济中寻找落地应用场景成为核心要义，人工智能技术与传统行业经营模式及业务流程产生实质性融合，智能经济时代的全新产业版图初步显现，2019 年人工智能核心产业规模预计突破 570 亿元，目前，安防和金融领域市场份额最大，工业、医疗、教育等领域具有爆发潜力。

（三）人工智能产业人才供需现状

随着人工智能概念的持续火爆，大批求职者主动向人工智能相关岗位靠近。过去几年中，我国期望在人工智能领域工作的求职者正以每年翻倍的速度迅猛增长，特别是偏基础层面的人工智能职位，如算法工程师，供应增幅达到 150% 以上。

二、职业发展通道

人工智能工程技术人员职业发展通道大致可分为初级工程技术人员、中级工程技术人员、高级工程技术人员。

初级工程技术人员可负责功能的实现方案设计，编码实现，疑难问题分析诊断、攻关解决。

中级工程技术人员可完善初级工程技术人员的需求设计，掌握多种应用场景下的流程和实现细节，管理平台产品的升级、性能优化、版本迭代。

高级工程技术人员可组建平台研发部，搭建公共技术平台，方便上面各条产品线开发；通过技术平台、通过高一层的职权，管理和协调各个产品线组。现在每个产品线都应该有合格的研发经理和高级程序员。

CTO（首席技术官）负责业绩达成，洞察客户需求，捕捉商业机会，规划技术产品，通过技术产品领导业务增长，有清晰的战略规划、主攻方向，带领团队实现组织目标。前沿与平台：要有专门的团队做技术应用创新探索和前沿技术预判，而且要和技术平台团队、应用研发团队形成很好的联动作用，让创新原型试点能够很平滑地融入商业平台，再让应用研发线规模化地使用起来。研发过程管理：站在全局立场进行端到端改进业务流程，为业务增长提供方便。组织与人才建设：公司文化和价值观的传承；研发专业族团队梯队建制建设、研发管理族团队梯队建制建设；创建创新激发机制，激发研发人创新向前发展。

三、职位举例

研发和应用人工智能平台产品所需的人才涵盖了共性技术应用、需求咨询、设计开发、交付运维等领域，具体需要的人才类型如图 1-8 所示。

研发人工智能平台产品对应的职业岗位是机器学习平台研发工程师。

职位 1. 某公司推荐平台研发工程师

工作职责：

（1）参与推荐平台功能研发，支撑几十种不同业务场景下高并发的推荐服务；

（2）提供各种数据挖掘和机器学习算法，支持离线训练和在线推理，为业务提供一站式推荐引擎；

（3）提供平台化机制，支持算法模型的共享和积累，促进业务的快速迭代。

职位要求：

（1）扎实的数据结构和编码能力；

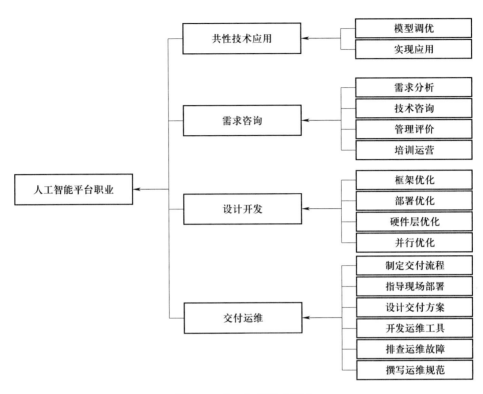

图 1–8　人工智能平台职业

（2）有机器学习和深度学习算法经验，了解常用的算法如 CF、LR、GBDT、CNN、RNN、Transformer 等，熟悉 TensorFlow；

（3）熟悉 python 和 Java/C++ 编程，了解推荐系统和分布式系统，有一定的工程能力；

（4）有大数据处理相关经验，熟悉 Hadoop 技术栈；

（5）自我驱动、责任心强、执行力强、乐观自信，能不断挑战自我，追求卓越。

职位 2. 某公司机器学习平台研发工程师

职位描述：

（1）云原生机器学习平台的基础架构和产品化研发；

（2）参与模型训练、推理服务、资源调度、工作流程等机器学习相关产品功能的研发；

（3）参与平台产品化调研和设计，并配合产品经理快速推动产品化落地实践；

（4）跟进云原生社区的新技术，进行技术验证及应用落地并参与社区贡献。

职位要求：

（1）扎实的编程基础，熟练掌握 go/C/C++/java 语言（至少一种）；

（2）对以 Kubernetes 为核心的云原生技术栈应用及生态有深入的理解；

（3）具有大规模分布式系统研发经验；

（4）具有独立解决问题的能力，良好的团队合作意识和沟通能力；

（5）具有良好的业务导向性、较强的学习能力和良好的抗压能力。

加分项：

（1）熟悉至少一种主流深度学习编程框架（TensorFlow/PyTorchCaffe/MXNet），熟悉其底层架构和实现机制；

（2）有机器学习算法应用 sense，或者有常见深度学习算法（CNN/RNN/LSTM 等）、机器学习算法（XGBoost、LR 等）实践经验；

（3）熟悉大数据技术栈，并熟悉机器学习中数据处理、特征工程以及常用算法；

（4）有过分布式系统的开源社区经历。

职位 3. 某公司搜索平台研发工程师

工作职责：

（1）负责搜索、推荐等业务的一站式机器学习模型调研工作，包括特征工程、模型训练、模型解释、模型更新等效率工具的研发；

（2）结合业务产品逻辑、推动搜索、推荐策略整体研发效率提升。

职位要求：

（1）对数据结构和算法设计具有深刻的理解；

（2）熟悉 C++、PHP、Python 等至少一种编程语言，熟悉 MySQL 数据库；

（3）熟悉 Linux/Unix 系统、熟悉网络编程、多线程编程技术；

（4）熟悉 Web 架构，熟悉 Web 应用的数据库设计；

（5）善于学习和运用新知识，具有良好的分析和解决问题能力；

（6）具有良好的团队合作精神和积极主动的沟通意识；

（7）有机器学习相关背景优先。

职位 4. 某公司机器学习平台研发工程师

职位描述：

（1）负责机器学习系统的架构设计和研发，覆盖系统多个子方向：包括但不限于训练系统、预估系统、特征管理、样本管理、算法解决方案、模型管理等；

（2）负责解决平台关键技术难题，跟进业界前沿方向，设计最佳性价比的软硬件结合方案；

（3）优化系统性能瓶颈，如编译优化，GPU优化，流水线优化等；

（4）负责关键算法的优化，如模型压缩、蒸馏等技术，加速业务落地。

任职要求：

（1）有C++编程经验者优先，熟悉多线程编程，内存优化等HPC优化技术者优先；

（2）有分布式系统经验者优先，对Parameter Server/MPI/NCCL等子方向有经验者优先；

（3）熟悉TensorFlow/PyTorch/Paddlepaddle任意一种深度学习框架者优先；

（4）有良好合作精神，项目推动能力；

（5）熟悉GPU架构，熟悉CUDA/cuDNN者优先。

职位5. 某公司机器学习平台研发工程师

职位描述：

（1）负责公司运营研发体系数据中台建设；

（2）负责大规模机器学习平台的研发和维护，提供覆盖全球的高可靠服务；

（3）负责模型训练、模型服务、计算调度等机器学习相关问题的开发；

（4）负责大数据与机器学习融合的自助化机器学习平台的建设。

任职要求：

（1）精通Java/Python等程序开发，熟悉Linux开发环境；

（2）熟悉分布式机器学习/深度学习框架相关技术，熟悉以下技术者优先：TensorFlow、Mleap和Seldon等；

（3）熟练大数据技术Spark、Flink等优先；

（4）具有高扩展、高性能和分布式系统的实践经验；

（5）具有良好的沟通和学习能力，有责任心和团队合作精神。

思考题

1. 机器学习是如何分类的？

2. 常用的机器学习框架有哪些？

3. 人工智能产品的典型应用有哪些？

4. 人工智能中台管控平台的功能包括哪些？

5. 计算优化中，常见的并行分布式策略有哪些？

第二章
人工智能平台需求分析

　　人工智能平台需要经历需求分析、设计开发、测试验证、产品交付、产品运维五大环节才能最终成为一款合格的软件工具，为广大人工智能平台用户提供完备、便捷、低成本、高收益的人工智能基础服务。需求分析环节是整个人工智能平台的开始，也奠定了整体的方向和基调，因此在需求分析环节确定明确的方向和清晰的目标就显得尤其重要。

- **职业功能：**人工智能平台需求分析。
- **工作内容：**确定人工智能平台的核心功能、价值点和发展方向。找到人工智能平台适用场景以及目标用户，撰写需求文档并追踪产品研发进度。
- **专业能力要求：**能对外说明人工智能平台研发的主要流程和用户使用场景；能将用户对人工智能平台的相关使用需求整理成文档；能按照规范撰写业务场景需求设计分析和需求文档。
- **相关知识要求：**人工智能场景的主要环节和适用流程；人工智能算法训练、推理、部署的方式和流程；人工智能平台业务场景需求设计分析和需求文档的撰写规范。

第一节　人工智能场景的基本环节

考核知识点及能力要求：

- 了解人工智能场景的定义；

- 了解库伯学习圈；

- 了解人工智能场景构建的要素。

人工智能场景是一个根据库伯学习圈演化而来的以闭环的数据流构建为核心的应用开发场景。库伯学习圈与人工智能过程如图 2-1 所示。

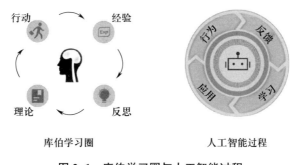

图 2-1　库伯学习圈与人工智能过程

一、库伯学习圈

库伯学习圈是大卫·库伯（David Kolb）提出的经验学习模式，也称经验学习圈理论（Experiential Learning）。库伯认为经验学习过程是由四个适应性学习阶段构成的环形结构，包括具体经验、反思性观察、抽象概念化、主动实践。

具体经验（经验）：学习者的一次行动的具体行动体验、经历。

反思性观察（反思）：学习者在停下的时候对已经历的体验加以思考。

抽象概念化（理论）：学习者必须达到能理解所观察的内容的程度并且吸收它们使之成为合乎逻辑的概念。

主动实践（行动）：学习者要验证这些概念并将它们运用到制定策略、解决问题之中去。

判断一个问题能否使用人工智能的方式来解决可以将人工智能想象成为一条小狗，例如需要训练小狗完成如站立、送报、缉毒等任务，需要针对其行为进行奖励来鼓励其在特定情境下完成特定的行为。是否"可训练"也是是否可以使用人工智能解决问题的关键，训练对象换成了海量数据。

二、人工智能场景构建的要素

人工智能场景的确定依赖三个决定性要素：模型、数据、问题。

（一）模型

从模型训练的任务类型角度，可以将人工智能场景划分为有监督学习、无监督学习以及强化学习。

有监督学习的特点有有标签、直接反馈、预测未来结果。无监督学习的特点有无标签、无反馈、寻找隐藏的结构。强化学习的特点有决策流程、激励系统、学习一系列的行动。

举例说明，有监督学习相当于学认字，无监督学习是自动聚类，强化学习则是学下棋。

可以用学英语的过程更直观地对有监督学习和无监督学习进行理解。有监督学习是先读几篇中英文对照的文章，从而学会阅读纯英语文章。无监督学习是直接阅读大量纯英文文章，当数量达到一定程度，虽然不能完全理解文章，但也会发现一些词组的固定搭配、句式等。三种模型对比如图 2-2 所示。

1. 有监督学习

有监督学习是指基于有标记的训练数据建立机器学习模型的过程。例如，假设我

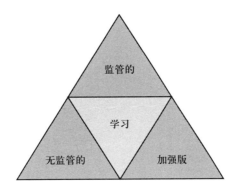

- 标记的数据
- 直接的反馈
- 预测的结果/未来

监管的

学习

无监管的　　　加强版

- 无标记
- 无反馈
- "找到隐藏的结构"

- 决策过程
- 奖励制度
- 学习系统行动

图 2-2　三种模型对比

们要建立一个雷达目标识别系统，根据各种观测参数（如大小、速度、外观、形状等）自动识别目标类别。那么，我们需要创建一个包含所有必要细节的雷达目标数据库并对其进行标记，算法根据输入数据和已标记类别学习一个映射，完成给定输入数据预测目标类别的功能。即"给定数据，预测标签"。

举个例子：

老师：1 个苹果 +1 个苹果 =2 个苹果；1 个香蕉 +1 个香蕉 =2 个香蕉；那么 1 个西瓜 +1 个西瓜 = ？

学生：1 个西瓜 +1 个西瓜 =2 个西瓜

上面的例子中，学生通过总结老师所传授的"苹果和香蕉"的经验，总结出了"1+1=2"，所以，老师没有给定答案的情况下，学生根据总结出的"1+1=2"的经验，给出了"1 个西瓜 +1 个西瓜 =2 个西瓜"推测。

此时，学生对应的是机器，老师传授的"苹果和香蕉"的经验对应的是训练集，学生总结出的"1+1=2"对应的是模型，"1 个西瓜 +1 个西瓜 = ？"对应的是未知数据，学生给出的"1 个西瓜 +1 个西瓜 =2 个西瓜"对应的是正确结果。

通过上面的这个例子，可以了解有监督学习的概念。有监督学习有两个任务：分类和回归。

（1）分类。分类的概念很容易理解，通过训练集给出的分类样本，通过训练总结出样本中各分类的特征表示模型，再将位置数据传入特征表示模型，实现对未知数据的分类。

举个例子：

训练集：

水果 ===> 可生吃，酸酸甜甜的

蔬菜 ===> 不可生吃，涩涩的

西瓜：可生吃，甜的

分类结果：

西瓜 ===> 水果

白菜：不可生吃，涩涩的

分类结果：

白菜 ===> 蔬菜

由此我们明白了分类的概念。

（2）回归。回归可以理解为逆向的分类，通过特定算法对大量的数据进行分析，总结出其中的个体具有代表性的特征，形成类别。

举个例子：

训练集：

苹果：可生吃，甜的

橘子：可生吃，酸的

白菜：不可生吃，涩的

茄子：不可生吃，涩的

回归结果：

苹果、橘子：可生吃，酸酸甜甜的 ===> 水果

白菜、茄子：不可生吃，涩涩的 ===> 蔬菜

由此明白了回归的概念，通过回归结果，可以对一个未知的事物进行分类。

2. 无监督学习

无监督学习是指基于无标记的训练数据建立机器学习模型的过程。从某种意义上说，由于没有可用标签，因此可根据数据本身的特征学习模型。例如，假设要建立一个目标数据管理系统，需要将无标签的数据分成若干组，以方便数据的管理。无监督学习的难点在于学习的标准是未知的，需要尽可能以最好的方式将给定的数据分成若干组，即"给定数据，寻找隐藏的结构"。

举个例子：

训练集：

苹果：可生吃，甜的

橘子：可生吃，酸的

白菜：不可生吃，涩的

茄子：不可生吃，涩的

无监督学习结果：

苹果、橘子：可生吃，酸酸甜甜的

白菜、茄子：不可生吃，涩涩的

从上述例子中可以看到，无监督学习只是根据训练集中训练数据特点的不同，将其分成了两个类，但每类代表什么意思，并不知道。因此将无监督学习理解为一种漫无目的的分类手段，首先分成几类不确定，每个分类的标签页不确定。基于无监督学习的这个特性，它常用的两个分类算法（或者说分类手段）是降维和聚类。

（1）降维。这里的降维和《三体》中的"降维打击"并非同一个概念，这里的降维实质上是一种去重过程。

例如说苹果和茄子都有"圆的"这个特征，香蕉和黄瓜都有"长的"这个特征，但这两个特征是"水果"和"蔬菜"两个分类中都包含的，可以认为是"无用特征"，所以在分类过程中将其直接去除，一是影响分类结果，二是减少冗余的计算。

（2）聚类。简单来说，聚类是一种自动化分类的方法，在监督学习中，你很清楚每一个分类是什么，但是聚类则不是，你并不清楚聚类后的几个分类每个代表什么意思。

就像上面例子中表述的无监督学习结果中，总结出了苹果、橘子都是可生吃、酸酸甜甜的，白菜、茄子都不可生吃、涩涩的，但机器只是将其分成了两类，具体这两类表示的是什么物品，它是不知道的。

因此，无监督学习其实就是一个没有感情的分类机器，需要人为对每个分类结果进行分析。

3. 强化学习

强化学习是机器学习的另一个领域。强化学习主要关注智能体如何在环境中采取不同的行动，以最大限度地提高累积奖励。强化学习主要由智能体（Agent）、环境（Environment）、状态（State）、动作（Action）、奖励（Reward）组成。智能体执行了某个动作后，环境将会转换到一个新的状态，对于该新的状态环境会给出奖励信号（正奖励或者负奖励）。随后，智能体根据新的状态和环境反馈的奖励，按照一定的策略执行新的动作。上述过程是智能体和环境通过状态、动作、奖励进行交互的方式。智能体通过强化学习，可以知道自己在什么状态下，应该采取什么样的动作使得自身获得最大奖励。由于智能体与环境的交互方式与人类与环境的交互方式类似，可以认为强化学习是一套通用的学习框架，可用来解决通用人工智能的问题。因此强化学习也被称为通用人工智能的机器学习方法，即"给定数据，学习如何选择一系列行动，以最大化长期收益"。具体的流程可以用下面的例子理解：

在 Flappy bird 这个游戏中，需要简单的点击操作来控制小鸟，躲过各种水管，飞得越远越好，因为飞得越远越能获得更高的积分奖励。这就是一个典型的强化学习场景：

（1）机器有一个明确的小鸟角色——代理；

（2）需要控制小鸟飞得更远——目标；

（3）整个游戏过程中需要躲避各种水管——环境；

（4）躲避水管的方法是让小鸟用力飞一下——行动；

（5）飞得越远，会获得越多的积分——奖励。

上面例子的训练集中已经标注了游戏的目标，当采取某种策略可以实现这种目标时，就进一步强化这种策略，以期继续取得较好的结果。

倘若人工不介入，又输入了大量未标注特征的数据时，这场强化学习则又变成了无监督学习。

（二）数据

从数据类型角度，可以分成结构化数据、半结构化数据以及非结构化数据。

1. 结构化数据

结构化数据指的是在一个记录文件里面以固定格式存在的数据。它通常包括 RDD 和表格数据。结构化数据首先依赖于建立一个数据模型，数据模型是指数据是怎么样被存储、处理和获取的，包括数据存储方式、数据的格式以及其他的限制。

结构化的数据是指可以使用关系型数据库表示和存储，表现为二维形式的数据。一般特点是：数据以行为单位，一行数据表示一个实体的信息，每一列数据的属性是相同的，如图 2-3 所示。

序号	姓名	年龄	性别
1	lyh	12	男性
2	liangyh	13	女性

图 2-3 结构化数据例子

2. 半结构化数据

半结构化数据就是介于完全结构化数据（如关系型数据库、面向对象数据库中的数据）和完全无结构的数据（如声音、图像文件等）之间的数据。半结构化数据是结构化数据的一种形式，它并不符合关系型数据库或其他数据表的形式关联起来的数据模型结构，但包含相关标记，用来分隔语义元素以及对记录和字段进行分层。因此，它也被称为自描述的结构。半结构化数据，属于同一类实体可以有不同的属性（即使他们被组合在一起），这些属性的顺序并不重要。也就是它将一般数据的结构和内容混在一起，没有明显的区分。半结构化数据包括日志文件、XML 文档、JSON 文档、电子邮件等。

```
xml 例：

<person>

    <name>A</name>

    <age>13</age>
```

```
        <gender>female</gender>

    </person>

    <person>

        <name>B</name>

        <gender>male</gender>

    </person>
```

上面的例子属性的顺序可以调整，不同的半结构化数据的属性的个数可以不一样。

3. 非结构化数据

非结构化数据是指信息没有一个预先定义好的数据模型或者没有以一个预先定义的方式来组织。非结构化数据一般指大规模文字型数据，但是数据中有很多诸如时间、数字等的信息。相对于传统的在数据库中标记好的文件，由于其非特征性和歧义性，会更难理解。非结构化数据包括所有格式的办公文档、文本、图片、XML、HTML、报表、图像和音频 / 视频信息等。

（三）问题

从问题的定义角度出发，人工智能可以分为三个常见的问题：回归问题、分类问题和聚类问题。针对不同问题，已有很多算法，新的算法也层出不穷。目前具有代表性的算法概览如下文所述。

1. 回归方法

回归方法是一种对数值型连续随机变量进行预测和建模的监督学习算法，常应用于如房价预测、股票走势或测试成绩等数值连续变化的场景。回归任务的特点是标注的数据集具有连续而非离散的数值型目标变量。也就是说，每一个观察样本都有一个数值型的标注真值以监督算法。

（1）线性回归。线性回归是处理回归任务最常用的算法之一。该算法的形式十分简单，它期望使用一个超平面拟合数据集（只有两个变量的时候就是一条直线）。如果数据集中的变量存在线性关系，那么其就能拟合得非常好。根据数据进行线性拟合如图 2-4 所示。

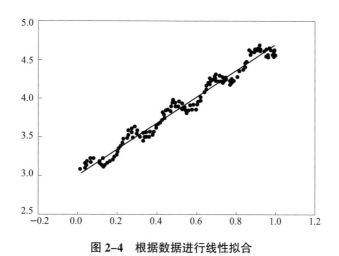

图 2-4　根据数据进行线性拟合

在实践中，简单的线性回归通常被使用正则化的回归方法（LASSO、Ridge 和 Elastic-Net）所代替。正则化其实是一种对回归系数过多采取惩罚以减少过拟合风险的技术。当然，我们还得确定惩罚强度以让模型在欠拟合和过拟合之间达到平衡。

优点：线性回归的理解与解释都十分直观，并且还能通过正则化来降低过拟合的风险。另外，线性模型很容易使用随机梯度下降和新数据更新模型权重。

缺点：线性回归在变量是非线性关系的时候表现很差，并且也不够灵活，难以捕捉更复杂的模式，而添加正确的交互项或使用多项式又很困难且需要大量时间。

（2）回归树。回归树（决策树的一种）通过将数据集重复分割为不同的分支而实现分层学习，分割的标准是最大化每一次分离的信息增益。这种分支结构让回归树很自然地学习到非线性关系，如图 2-5 所示。

集成方法，如随机森林（RF）或梯度提升树（GBM）则组合了许多独立训练的树。这种算法的主要思想就是组合多个弱学习算法而成为一种强学习算法。在实践中，RF 通常很容易有出色的表现，而 GBM 则更难调参（即设置架构和超参数），不过通常梯度提升树具有更高的性能上限。

优点：决策树能学习非线性关系，对异常值也具有很强的鲁棒性。集成学习在实践中表现非常好，其经常赢得许多经典的（非深度学习）机器学习竞赛。

缺点：无约束的，单棵树很容易过拟合，因为单棵树可以保留分支（不剪枝），并直到其记住了训练数据。集成方法可以削弱这一缺点的影响。

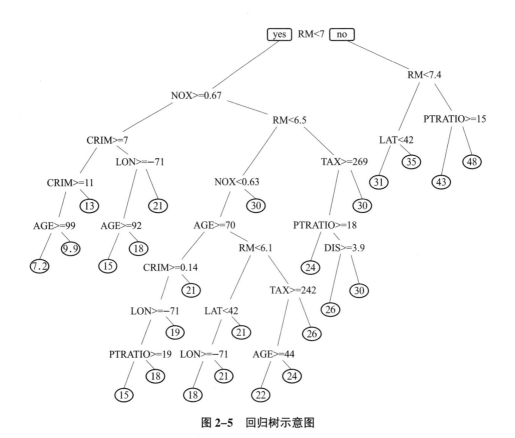

图 2-5　回归树示意图

（3）深度学习。深度学习是指能学习极其复杂模式的多层神经网络，如图 2-6 所示。该算法使用在输入层和输出层之间的隐藏层对数据的中间表征建模，这也是其他算法很难学到的部分。

深度学习还有其他几个重要的算子（Operator），如卷积算子（CNN 的主要构成）和循环算子（RNN 的主要构成）等，这些机制令该算法能有效地学习到高维数据。然而深度学习相对于其他算法需要更多的数据，因为其有更大数量级的参数需要估计。

优点：基于深度学习的算法在计算机视觉和语音

输出层

隐藏层

输入层

含多个隐层的深度学习模型

图 2-6　多层神经网络示意图

识别等领域有更好的效果。深度神经网络在图像、音频和文本等数据上表现优异，并且该算法也很容易对新数据使用反向传播算法更新模型参数。它们的架构（即层级的数量和结构）能够适应于多种问题，并且隐藏层也减少了算法对特征工程的依赖。

缺点：深度学习算法通常不适合作为通用目的的算法，因为其需要大量的数据。实际上，深度学习通常在经典机器学习问题上并没有集成方法表现得好。另外，其在训练上是计算密集型的，所以这就需要更富经验的人进行调参以减少训练时间、提高模型性能。

（4）最近邻算法。最近邻算法是"基于实例的"，这就意味着其需要保留每一个训练样本观察值。最近邻算法通过搜寻最相似的训练样本来预测新观察样本的值。

而这种算法是内存密集型，对高维数据的处理效果并不是很好，并且还需要高效的距离函数来度量和计算相似度。在实践中，使用正则化的回归或树型集成方法是较好的选择。

2. 分类方法

分类方法是一种对离散型随机变量建模或预测的监督学习算法。

许多回归算法都有与其相对应的分类算法，分类算法通常适用于预测一个类别（或类别的概率）而不是连续的数值。

（1）逻辑回归。逻辑回归是与线性回归相对应的一种分类方法，且该算法的基本概念由线性回归推导而出。逻辑回归通过逻辑函数（即 Sigmoid 函数）将预测值映射到 0 或 1，因此预测值就可以看成某个类别的概率。逻辑回归示意如图 2-7 所示。

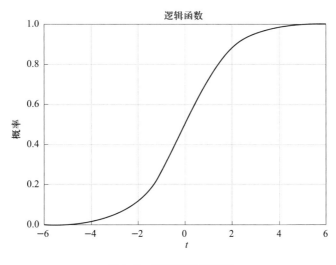

图 2-7 逻辑回归示意图

该模型仍然还是"线性"的，所以只有在数据是线性可分（即数据可被一个超平面完全分离）时，算法才能有优秀的表现。同样，回归模型能使用惩罚模型系数的方式进行正则化。

优点：输出有很好的概率解释，并且也能正则化而避免过拟合。逻辑回归模型很容易使用随机梯度下降和新数据更新模型权重。

缺点：逻辑回归在多条或非线性决策边界时性能比较差。

（2）分类树。与回归树相对应的分类算法是分类树。它们通常都是指决策树，或更严谨一点地称为"分类回归树（CART）"，这也就是非常著名的CART算法，如图2-8所示。

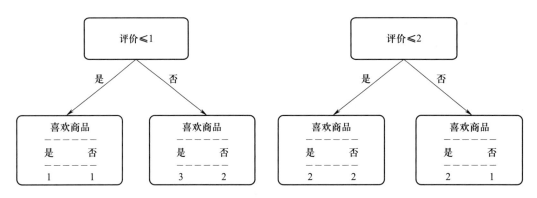

图 2-8　分类回归树示意图

优点：同回归方法一样，分类树的集成方法在实践中同样表现十分优良。它们通常对异常数据具有相当的鲁棒性和可扩展性。因为它的层级结构，分类树的集成方法能很自然地对非线性决策边界建模。

缺点：不可约束，单棵树趋向于过拟合，使用集成方法可以削弱这一方面的影响。

（3）深度学习。深度学习同样很容易适应于分类问题。实际上，深度学习应用的更多的是分类任务，如图像分类等。深度学习在分类问题中的应用如图2-9所示。

优点：深度学习非常适用于分类音频、文本和图像数据。

缺点：和回归问题一样，深度神经网络需要大量的数据进行训练，所以其也不是一个通用的算法。

（4）支持向量机（SVM）。支持向量机可以使用一个称为核函数的技巧扩展到非

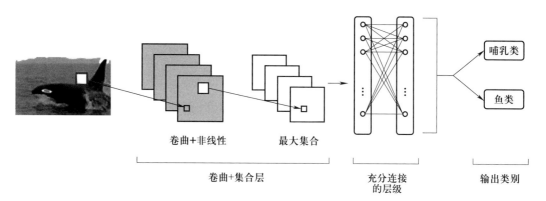

图 2-9　深度学习在分类问题中的应用

线性分类问题，而该算法本质上就是计算两个称为支持向量的观测数据之间的距离。SVM 算法寻找的决策边界即最大化其与样本间隔的边界，因此支持向量机又称大间距分类器。支持向量机中的核函数采用非线性变换，将非线性问题变换为线性问题，如图 2-10 所示。

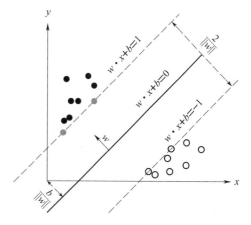

图 2-10　将非线性问题变换为线性问题

例如，SVM 使用线性核函数就能得到类似于逻辑回归的结果，只不过支持向量机因为最大化了间隔而更具鲁棒性。因此，在实践中，SVM 最大的优点就是可以使用非线性核函数对非线性决策边界建模。

优点：SVM 能对非线性决策边界建模，并且有许多可选的核函数形式。SVM 同样面对过拟合有相当大的鲁棒性，这一点在高维空间中尤其突出。

缺点：SVM 是内存密集型算法，由于选择正确的核函数是很重要的，所以其很难调参，也不能扩展到较大的数据集中。目前在工业界中，随机森林通常优于支持向量机算法。

（5）朴素贝叶斯。朴素贝叶斯（NB）是一种基于贝叶斯定理和特征条件独立假设的分类方法。本质上朴素贝叶斯模型就是一个概率表，其通过训练数据更新这张表中的概率。为了预测一个新的观察值，朴素贝叶斯算法就是根据样本的特征值在概率表中寻找最大概率的那个类别。

之所以称之为"朴素"，是因为该算法的核心就是特征条件独立性假设（每一个特征之间相互独立），而这一假设在现实世界中基本是不现实的。

优点：即使条件独立性假设很难成立，但朴素贝叶斯算法在实践中表现得出乎意料的好。该算法很容易实现并能随数据集的更新而扩展。

缺点：需要先验概率，而先验概率很多时候取决于假设，而且朴素贝叶斯对数据的输入形式敏感。

3. 聚类（Clustering）

聚类是一种无监督学习任务，该算法基于数据的内部结构寻找观察样本的自然族群（即集群）。使用案例包括细分客户、新闻聚类、文章推荐等。

因为聚类是一种无监督学习（即数据没有标注），并且通常使用数据可视化评价结果。如果存在"正确的回答"（即在训练集中存在预标注的集群），那么分类算法可能更加合适。

（1）K均值聚类（K-Means算法）。K均值聚类是一种通用目的的算法，聚类的度量基于样本点之间的几何距离（即在坐标平面中的距离）。集群是围绕在聚类中心的族群，而集群呈现出类球状并具有相似的大小。聚类算法是我们推荐给初学者的算法，该算法不仅十分简单，还足够灵活，因此面对大多数问题都能给出合理的结果。K均值聚类算法中的集群如图2-11所示。

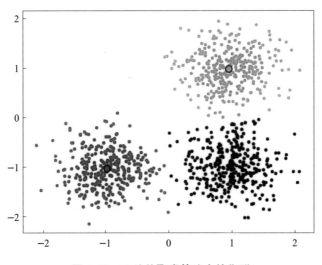

图2-11　K均值聚类算法中的集群

优点：K均值聚类是最流行的聚类算法，因为该算法足够快速、简单，并且如果预处理数据和特征工程十分有效，那么该聚类算法灵活性较强。

缺点：该算法需要指定集群的数量，而K值的选择通常都不容易确定。另外，如果训练数据中的真实集群并不是类球状的，那么K均值聚类会得出一些比较差的集群。

（2）Affinity Propagation聚类。Affinity Propagation（AP）聚类算法是一种相对较新的算法，该聚类算法基于两个样本点之间的图形距离（graph distances）确定集群。采用该聚类方法的集群拥有更小和不相等的大小。

优点：该算法不需要指出明确的集群数量［但是需要指定"sample preference（样本偏好）"和"damping（抑制）"等超参数］。

缺点：AP聚类算法主要的缺点就是训练速度比较慢，并需要大量内存，因此也就很难扩展到大数据集中。另外，该算法同样假定潜在的集群是类球状的。

（3）层次聚类［Hierarchical（按等级划分）/Agglomerative（附聚）］。层次聚类是一系列基于以下概念的聚类算法：

1）最开始由一个数据点作为一个集群；

2）对于每个集群，基于相同的标准合并集群；

3）重复这一过程直到只留下一个集群，因此就得到了集群的层次结构。

层次聚类算法示意图如图2-12所示。

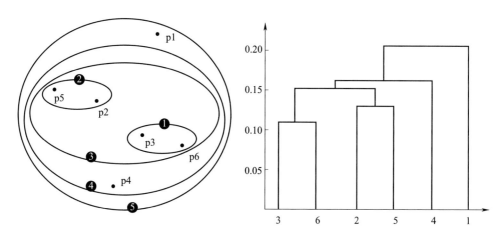

图2-12　层次聚类算法示意图

优点：层次聚类最主要的优点是集群不再需要假设为类球形，另外其也可以扩展到大数据集。

缺点：与 K 均值聚类有一定相似性，该算法需要设定集群的数量（即在算法完成后需要保留的层次）。

（4）DBSCAN。DBSCAN 是一个基于密度的算法，它将样本点的密集区域组成一个集群。还有一项被称为 HDBSCAN 的新进展，它允许改变密度集群。

优点：DBSCAN 不需要假设集群为球状，并且它的性能是可扩展的。此外，它不需要每个点都被分配到一个集群中，这降低了集群的异常数据。

缺点：用户必须调整 epsilon 和 min_sample 这两个定义了集群密度的超参数。DBSCAN 对这些超参数非常敏感。

第二节　人工智能平台的定位及需求分析

考核知识点及能力要求：

- 了解人工智能应用的门槛；

- 了解人工智能平台的优势；

- 了解人工智能平台需求管理方法；

- 了解人工智能平台需求管理流程；

- 了解人工智能平台需求文档撰写。

一、人工智能平台的定位

（一）当前人工智能应用普及的门槛

（1）认知门槛：不知道如何构建 AI 能力，什么是关键成功因素，盲目崇拜 AI。

（2）数据门槛：数据缺失，数据质量不佳，数据利用不充分。

（3）人才门槛：建模＋业务的复合型人才缺失，自行培养周期长、难度大，影响最为广泛。

（4）工具门槛：开源机器学习框架使用门槛高，维护成本高，缺乏企业级支持。

（5）技术门槛：模型上线成本高，工程系统复杂，模型效果衰减，AI 应用堆栈的软硬兼容。

（6）规模门槛：单点式解决问题，没有方法论沉淀，缺乏标准化流程，TCO（总拥有成本）较高。

（二）人工智能平台的优势

（1）数据兼容性：可以在平台上整合不同来源的数据并进行统一的定义和管理，消除数据不一致和信息孤岛。

（2）人工智能应用管理：预先提供可实现快速、方便的人工智能应用管理的功能，预先内置一套为所有数据集和应用而设的统一安全模型。

二、人工智能平台的需求分析

（一）人工智能平台需求管理方法

互联网时代的产品经理构建的是基础设施，在人与人、人与物、人与数据的关系上构建桥梁，实质是优化了信息储存和互通的方式，因此产品经理主要关注入口及流量的走向。人工智能带来的是技术创新驱动下的产业升级，本质上是关注产品本身的价值。与需求相关的职责，是对产品经理最基本的要求，包括需求挖掘、需求管理、需求定义、需求确认等。

1. 需求分析新的趋势和变化

（1）用户学习成本降低：尽量减少用户的交互流程，使用方式更加接近用户的自然行为，如语音交互、人脸识别。

（2）从用户角度考虑投入产出比：产品经理应该选择用户最痛的点或直接和利益挂钩的点作为需求切入点。

（3）算法可解释性差，产品需逐渐获得用户信任：AI产品对用户来说是黑盒产品，难以解释原理，因此需要从某一个具体的场景切入展示其预测和判断能力，树立专业形象，逐渐获得用户信任。

（4）交互方式更加多元：AI与传感器进行融合，传感器获得数据，然后对算法模型进行训练；因此产品经理学会利用多种传感设备，创造更多交互方式来满足用户的需求。

（5）需求与设计不再具备确定的因果关系：产品经理通过大量的数据挖掘手段探索出方案与需求的相关性，产品经理输出的不再是确定的原型，而是规则和策略。

（6）产品经理要充分了解目前技术水平和资源的局限性，避免定义一些研发难以实现的需求。

2. 从宏观和微观两个角度定义功能性需求

（1）宏观：产品经理要对公司的整体产品架构有清晰认识，评估需求是否符合公司的整体战略规划。

（2）微观：产品经理要给出明确的业务背景和业务目标，尽可能对目标进行量化。

3. 定义非功能性需求

定义非功能性需求包括安全性、可用性、可靠性、性能、可支持性，这些通常是架构设计师需要关注的部分，而产品经理不太擅长。

（1）安全性：如居家机器人，因为要获得用户的视频、音频和各种家庭内部传感器采集的数据源，因此此类产品需要尽量将数据储存在本地，并实现局域网内部不同物联网设备的本地通信对话机制。

（2）可用性：包括易用性、一致性、观感需求等。

其中一致性原则包括但不限于三个方面：设计目标一致性、外观元素一致性、交互行为一致性。

（3）可靠性：常见的可靠性包括出错频率、自我恢复速度。

在一些本身对稳定性要求较高的场景中尤其重要，如金融交易、医疗诊断、交通驾驶。

（4）性能：包括响应时间（2/5/8 s 原则，2 s 内响应用户体验较好，5 s 内响应用户体验一般，8 s 内响应可以接受，超过 8 s 无法接受）、吞吐量、并发用户数（指同一时间段内访问系统的用户数量）、资源利用率（要明确上限以应对性能瓶颈的意外来临）。

（5）可支持性：包括可扩展性、可维护性、可安装性（在不同环境下部署安装产品所需要付出的代价）。

4. 量化需求的方法

产品经理不仅要熟悉产品使用场景，还要了解技术边界，对产品进行量化定义。

（1）明确产品的业务需求：包括业务机会、业务目标、成功标准以及产品愿景（包括宏观目标和微观目标）。

（2）找准需求的场景：产品经理需要分析每个目标对应的使用场景，如目前的 AI 是弱人工智能，单个产品只能在某一个特定的具体任务上表现出应用价值，如不拆分，则无法量化。

（3）定义场景中的可量化标准：即使在同一领域中，不同场景下对算法的评估标准完全不同。

（二）人工智能平台需求管理流程

人工智能平台需求管理流程如图 2-13 所示。

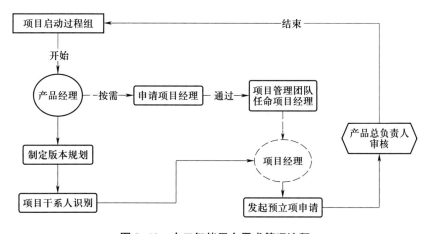

图 2-13 人工智能平台需求管理流程

1. 名词解释

项目启动过程组：定义一个新项目或现有项目的一个新阶段，授权开始该项目或阶段的一组过程。

2. 准入规则

项目经理发起预立项，即标志着该过程组开始。

注：该部分对需求范围、MRD/PRD 完成情况、项目计划等不做强制的规范要求。

3. 准出规则

项目总负责人审批通过后，即标志着该过程组完成。

4. 预立项

预立项目的：

（1）周知开始一个新的项目；

（2）确认项目干系人，预定项目资源；

（3）规定立项前的关键节点（如需求范围确定、PRD 评审完成、TPRD 评审完成）。

（三）人工智能平台需求文档撰写

产品需求文档（Product Requirement Document，PRD），主要用于完整描述产品需求，向研发部门明确产品的功能及其性能要求。PRD 是项目启动之前，必须通过评审确定的最重要文档。PRD 的主要使用对象有开发、测试、项目经理、交互设计师、运营及其他业务人员。开发可以根据 PRD 获知整个产品的逻辑；测试可以根据 PRD 建用例；项目经理可以根据 PRD 拆分工作包，并分配开发人员；交互设计师可以通过 PRD 来设计交互细节。

1. 主要内容

对项目的介绍，包括项目概述、项目价值、项目背景等。

整份文档的主体部分，对产品需求的详细描述，包括产品的战略和战术。战略是指产品定位、目标市场、目标用户、竞争对手等。战术是指产品的结构、核心业务流程、具体用例描述、功能 & 内容描述、非功能需求等。

常见的 PRD 目录如下：

2. 产品功能的描述

用户界面（主要以产品原型作为载体，用直观图形展现功能）和功能描述（在用户界面基础上，以文字形式诠释产品功能的细节，使用户明白产品功能的要求）是最重要的两个部分。一般需要两步：

梳理产品功能描述部分的整体结构，有规律地将产品功能分成多个较小的功能单元，并确定描述的先后顺序。可以按功能在系统中的位置、业务流程、功能主次、功能所处界面位置等进行分解。

以用例的形式描述分解后的产品功能。用例是在不展现系统或子系统内部结构的情况下，对系统或子系统的某个连贯的功能单元的定义和描述，不考虑具体的系统设计与技术细节。用例见表2-1。

表 2-1	用例表
用例名称	
用例编号	
角色	
描述	
基本流程	
备选流程	
异常流程	
后置条件	
备注	

3. PRD 的基本要求

完整、准确、清晰、简洁、稳定。

（1）文档撰写的规则。

1）点：产品功能列表（版本说明），包括做什么功能、具体功能描述、为什么要做、紧急情况、商业价值、前后台各角色的关系。

2）线：产品的整体业务逻辑、如何运转、用户实际要操作的流程、信息架构图。

3）面：前后台页面，先画页面流程图让别人有个大致了解，然后逐页说明，先阐述页面提供的功能，然后进行结构说明。对于交互说明，可以把页面拆解成元素 / 字段（如如何读取、显示字数和文字的限制、表单默认值、页面无数据等）、规则（哪个角色访问、从什么页面进入、列表排序规则、默认排序、是否有缓存、分页功能、业务层面的规则等）、操作三部分。

（2）文档撰写的步骤。

第一遍，定大的整体框架，把脉络梳理出来，知道这个文档需要补齐哪些内容；

第二遍，将内容填充好，逻辑流程走通，一般只走正向流程就可以；

第三遍，补充所有字段、判断错误提示的细节等。

4. 写作逻辑

（1）整理产品结构。产品是由功能和内容组成，这些功能和内容，按照某种维度，

组成频道 / 模块，最终形成产品的整体结构。产品结构是逻辑上的，页面结构是物理上的。

（2）分析核心业务流程。多角色的业务流程可以用泳道图，单个角色可以用普通的活动图，还可以使用状态图和顺序图。

（3）分析及整理用例。列出功能模块下包含的所有用例，然后按照以下内容依次描述。

两种描述需求的方式：用例描述和功能点描述。最大的区别在于描述的角度不一样，前者是从人和系统的旁观者的角度，最好用文档，并且有统一的用例模板；后者是从产品的角度，只需要在 Axure 设计工具里以注释的方式描述。

（4）规则的描述主要从三个方面考虑。

1）数据规则：主要指页面从数据库调取数据并展现的规则，如查看文章列表这个用例，需要描述文章列表页面展示哪些字段、每个字段的类型及长度、列表的排序规则、刷新频率等。

2）状态逻辑：文章不同状态之间切换的触发点是什么，例如状态为已发布的文章，要变为下架，可能的触发条件有：发布时间已过期、手动操作下架等。

3）交互规则：界面上存在交互的元素，一一列举并说明，例如链接、按钮、滑动、下拉的具体交互规则及异常处理。另外，整个场景由于网络问题、系统问题导致的异常也需要说明。

（5）分析及整理非功能性需求。例如产品的性能需求、访问速度达到多少、最大支持多少人同时访问；设计风格；统计需求，统计哪些字段、形成什么报表等。

（6）整理需求文档并评审。给出功能列表或者给出功能的应用场景，之后还要对功能进行优先级排序，暂时不做的需求也提出来，放在需求池。完成功能需要的逻辑，就是将功能分成很多小的功能点，实现每个点的逻辑，就组成了整个功能。除此之外要考虑异常逻辑和危机状况。注意不要求大求全，尽量不要把所有逻辑都整理在一个流程图上，正常和异常逻辑分开说明。

数据反馈包括访问量、转化率、留存率、用户活跃天、产品收入、任务 / 活动完成量 / 质量。

（7）三步分解需求。

1）理清需求（user case）：把想要做的事情和用户可能会需要的功能，以及相关场景罗列出来。

2）整理故事（user story）：故事需要核心主题（主线）。讲法有多种，可以绘声绘色地讲（视觉效果）、切入人心地讲（用户心理）、抓住重点地讲（核心流程）等。

3）分解需求（functional requirement）：用户需求的整理，先考虑用户需求是什么，再考虑用户可以从产品得到什么（产品的价值），然后考虑如何满足不同用户的使用场景，最后考虑产品应该做什么（功能需求，用户输入什么，系统输出什么）。

思考题

1. 人工智能场景的主要环节和适用流程是什么？

2. 人工智能算法训练、推理、部署的方式和流程是什么？

3. 人工智能平台业务场景需求设计分析和需求文档的撰写规范是什么？

4. 人工智能场景构建的要素有什么？

5. 什么是有监督学习？有监督学习的任务有什么？

6. 人工智能平台的优势有什么？

7. 人工智能平台需求文档撰写有什么要求？

第三章
人工智能平台设计开发

　　人工智能平台设计开发环节是整个过程的核心：架构设计和技术选型决定了人工智能平台的开发成本和能力上限，而开发环节则是真正的具体实施，整个人工智能平台的重中之重。

- **职业功能：** 人工智能平台设计开发。
- **工作内容：** 基于用户需求设计和开发人工智能平台组件，包括但不限于架构设计、技术方案选型、代码实现、部署运维脚本文档编写等。
- **专业能力要求：** 能绘制至少1类人工智能场景全周期流程图，如计算机视觉、自然语言处理等；能使用机器学习框架完成人工智能数据处理、特征提取、模型训练、模型部署等全周期流程；能调用大数据处理工具进行数据存取、任务编排等，能使用容器及虚拟化工具进行产品代码打包，镜像发布。
- **相关知识要求：** 人工智能场景的主要环节和技术规范；机器学习框架的使用方法；大数据技术的基础知识；容器及虚拟化技术的基础知识。

第一节 机器学习框架的使用方法

考核知识点及能力要求：

● 了解机器学习框架概念；

● 了解机器学习的数值计算。

一、机器学习框架简述

机器学习框架意味着一个能够整合包括机器学习算法在内的所有机器学习的系统或方法，使客户最有效地使用它们。其具体来说包括数据表示与处理方法、表示和建立模型的方法、评价和使用建模结果的方法。

在所有可用的机器学习框架中，着重迭代算法和数据交互处理的框架是公认最好用的，因为这些特性可以促进复杂模型的建立以及加强研究人员与数据之间的良好交互。优秀的机器学习框架需要包含大数据处理能力、快速训练模型处理能力以及优秀的容错能力。优秀的机器学习框架通常包含大量的预置机器学习算法和数据统计校验方法。

总之，一个机器学习框架需要解决如何处理数据、如何分析数据、如何训练模型、如何评估模型以及如何利用评估结果五个问题。一个优秀的机器学习框架还需要具备快捷高速的交互方式、简单易懂的结果解释以及便捷稳定的部署工具。

二、机器学习框架分层设计

可以想象一下，如果我们在云服务器上编写一个人工智能应用，究竟经过了多少层应用抽象？首先是物理服务器和网络带宽等，其次是宿主机操作系统和虚拟化隔离，再往上就是虚拟机操作系统和编程语言抽象，紧接着是我们使用的计算框架，最后才是我们编写的代码。每一层的软件抽象都在帮助我们屏蔽底层的技术细节，方便上游调用，这种设计思路就是软件工程中说的分层架构设计，分层架构设计有助软件内各层之间实现解耦合抽象。

而我们在应用机器学习框架时，不知不觉已经使用了很多底层基础架构的分层抽象，其中最重要的，也是与上层算法紧密关联的就是机器学习的数值计算层。

三、机器学习的数值计算

任何一种机器学习算法本质上都是一系列的数值计算逻辑，香农熵、贝叶斯、反向传播这些概念其内在都是一些系列的数学公式，而机器学习框架就是通过计算机编程来实现这些数学表示。

接触过机器学习的人都知道基础机器算法逻辑回归（Logistic Regression）和线性回归（Linear Regression），前者属于分类算法，后者属于回归算法。

以一个最简单的线性回归模型 $y=w \times x+b$ 为例，图 3-1 是这个模型的原生 Python 实现。

从这个例子可以看到，实现一个机器学习模型不需要依赖任何的已有框架，因为机器学习本质上是数学公式，而模型训练的过程就是使用计算机代码实现的数值运算。看图 3-1 的例子会有人问，为什么 w 的梯度（Gradient）是 $-2 \times x \times (y-x \times x-b)$，而 b 的梯度是 $-2 \times (y-w \times x-b)$？为什么最终的模型有正确的结果？这些疑问都可以通过学习线性回归算法本身来解决。因为上面的代码使用了平方损失函数（Mean Square Loss）也就是 $y-w \times x-b$ 的平方，损失函数的值越小则预测值越接近正确答案，因此训练模型的目标就变成了求损失函数在任意 w 和 b 下的最小值，对 w 和 b 求偏导后就可以得到 w 和 b 的梯度公式。

这么看来机器学习算法使用任何编程语言都可以实现，只要编程语言有完备的数值计算能力，那么机器学习框架所做的事情无非就是更加高效地实现机器学习算法，避免重复造轮子。

```
def linear_regression(x_array, y_array, epoch, learning_rate):
    """
    y = w * x + b
    return (w, b)
    """
    instance_number = len(x_array)
    w = 1.0
    b = 1.0

    for epoch_index in range(epoch):
        w_grad = 0.0
        b_grad = 0.0
        loss = 0.0

        for i in range(instance_number):
            x = x_array[i]
            y = y_array[i]
            w_grad += -2.0 * x * (y - w * x - b)
            b_grad += -2.0 * (y - w * x - b )
            loss += 1.0 * pow(y - w * x - b, 2)

        w -= learning_rate * w_grad
        b -= learning_rate * b_grad
        print("Epoch is : {}, w is {}, b is {}, loss is {}".format(epoch_index, w, b, loss))

    return (w, b)
```

图 3-1 使用 Python 原生代码实现的线性回归

四、机器学习框架的分类

（一）支持的算法角度分类

机器学习框架从支持的算法角度可以分为逻辑回归框架（如 GDBT）、决策树框架（如 XGBoost、LightGBM）、支持向量机框架（如 LibSVM）、深度学习框架（如 TensorFlow、PaddlePaddle、PyTorch）等。下文对前三种机器学习框架进行具体阐述。

1. 逻辑回归

逻辑回归又称逻辑回归分析，是一种广义的线性回归分析模型，常用于数据挖掘、疾病自动诊断、经济预测等领域。例如，探讨引发疾病的危险因素，并根据危险因素预测疾病发生的概率等。以胃癌病情分析为例，选择两组人群，一组是胃癌组，一组是非胃癌组，两组人群必定具有不同的体征与生活方式等。因此因变量就为是否胃癌，值为"是"或"否"，自变量则可以包括很多，如年龄、性别、饮食习惯、幽门螺旋杆菌感染等。自变量既可以是连续的，也可以是分类的。然后通过逻辑回归分析，可以得到自变量的权重，从而可以大致了解到底哪些因素是胃癌的危险因素。同时根据该权值可以预测一个人患癌症的可能性。

案例 3–1　GDBT

GDBT 中文名称叫作梯度提升树。其基本原理和残差树类似，基学习器是基于 CART 算法的回归树，模型依旧为加法模型、学习算法为前向分步算法。不同的是，GDBT 没有规定损失函数的类型，设损失函数为 $L[y, f(x)]$。前向加法算法的每一步都是拟合损失函数的负梯度为：

$$-\left\{\frac{\delta + L[y, f(x_i)]}{\delta + f(x_i)}\right\} f(x) = f_{m-1}(x)$$

如果一个函数到达极小值，那么其梯度值一定为零；当函数没有到达最小值的时候，每次都选择梯度的反方向，这样可以最快地到达极小值。这也就是 GDBT 的思想。

2. 决策树

决策树（Decision Tree）是在已知各种情况发生概率的基础上，通过构成决策树来求取净现值的期望值大于或等于零的概率，评价项目风险，判断其可行性的决策分析方法，是直观运用概率分析的一种图解法。由于这种决策分支画成图形很像一棵树的枝干，故称决策树。在机器学习中，决策树是一个预测模型，他代表的是对象属性与对象值之间的一种映射关系。Entropy= 系统的凌乱程度，生成树算法使用熵。这一度量是基于信息学理论中熵的概念。

决策树是一种树形结构，其中每个内部节点表示一个属性上的测试，每个分支代表一个测试输出，每个叶节点代表一种类别。

分类树（决策树）是一种十分常用的分类方法。它是一种监督学习。监督学习就是给定一堆样本，每个样本都有一组属性和一个类别，这些类别是事先确定的，那么通过学习得到一个分类器，这个分类器能够对新出现的对象给出正确的分类。这样的机器学习就被称为监督学习。

案例 3–2　XGBoost

XGBoost 是基于决策树的集成机器学习算法，它以梯度提升（Gradient Boost）为框架。在非结构数据（图像、文本等）的预测问题中，人工神经网络的表现要优于其他算法或框架；但在处理中小型结构数据或表格数据时，现在普遍认为基于决策树的算法是最好的。图 3-2 列出了近年来基于决策树的算法的演变过程。

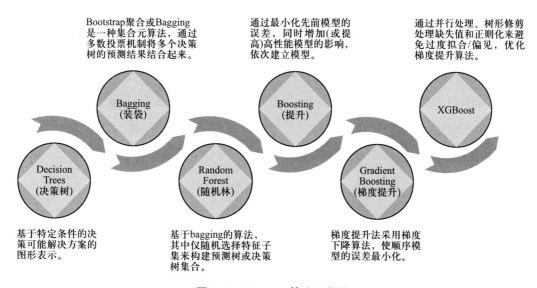

图 3-2　XGBoost 算法示意图

从决策树到 XGBoost 算法的演变。XGBoost 算法最初是华盛顿大学的一个研究项目。XGBoost 算法最早由陈天奇及其合作者在 2016 年提出。提出之后，该算法不仅多次赢得 Kaggle 竞赛，还使用在多个前沿工业应用中，并推动其发展。许多数据科学家合作参与了 XGBoost 开源项目，GitHub 上的这一项目约有 350 个贡献者，和其他算法相比，XGBoost 算法的不同之处有以下几点：应用范围广泛，该算法可以解决回归、分类、排序以及用户自定义的预测问题；可移植性，该算法可以在 Windows、Linux 和 OS X 上流畅地运行；语言上，支持包括 C++、Python、R、Java、Scala 和 Julia 在内的几乎所有主流编程语言；云集成，支持 AWS、Azure 和 Yarn 集群，也可以很好地配合 Flink、Spark 等其他生态系统。

3. 支持向量机

支持向量机（Support Vector Machine，SVM）是一类按监督学习方式对数据进行二元分类的广义线性分类器，其决策边界是对学习样本求解的最大边距超平面。SVM 使用铰链损失函数计算经验风险并在求解系统中加入了正则化项以优化结构风险，是一个具有稀疏性和稳健性的分类器。SVM 可以通过核方法进行非线性分类，是常见的核学习（kernel learning）方法之一。SVM 在人像识别、文本分类等模式识别问题中得到了应用。

案例 3-3 LibSVM

LibSVM 是我国台湾大学林智仁（Lin Chih-Jen）教授等开发设计的一个简单、易于使用和快速有效的 SVM 模式识别与回归的软件包，他不但提供了编译好的可在 Windows 系列系统使用的执行文件，还提供了源代码，方便改进、修改以及在其他操作系统上应用；该软件对 SVM 所涉及的参数调节相对比较少，提供了很多的默认参数，利用这些默认参数可以解决很多问题；并提供了交互检验（Cross Validation）的功能。该软件可以解决 C-SVM、ν-SVM、ε-SVR 和 ν-SVR 等问题，包括基于一对一算法的多类模式识别问题。

SVM 用于模式识别或回归时，SVM 方法及其参数、核函数及其参数的选择，也就是说最优 SVM 算法参数选择还只能是凭借经验、实验对比、大范围地搜寻或者利用软件包提供的交互检验功能进行寻优。

LIBSVM 拥有 C、Java、Matlab、C#、Ruby、Python、R、Perl、Common LISP、Labview、php 等数十种语言版本。最常使用的是 C、Matlab、Java 和命令行（c 语言编译的工具）的版本。

4. 神经网络

人工神经网络（Artificial Neural Networks，ANNs）也简称为神经网络（NNs）或称作连接模型（Connection Model），它是一种模仿动物神经网络行为特征，进行分布式并行信息处理的算法数学模型。这种网络依靠系统的复杂程度，通过调整内部大量节点之间相互连接的关系，从而达到处理信息的目的。

案例 3-4 TensorFlow 与 PyTorch

TensorFlow 是一个基于数据流编程的符号数学系统，被广泛应用于各类机器学习算法的编程实现，其前身是谷歌的神经网络算法库 DistBelief。TensorFlow 拥有多层级结构，可部署于各类服务器、PC 终端和网页并支持 GPU 和 TPU 高性能数值计算，被广泛应用于谷歌内部的产品开发和各领域的科学研究。TensorFlow 由谷歌人工智能团队谷歌大脑开发和维护，拥有包括 TensorFlow Hub、TensorFlow Lite、TensorFlow Research Cloud 在内的多个项目以及各类应用程序接口（Application Programming Interface，API）。自 2015 年 11 月 9 日起，TensorFlow 依据阿帕奇授权协议开放源代码。

PyTorch 是 Torch 的 python 版本，是由脸书开源的神经网络框架，专门针对 GPU 加速的深度神经网络（DNN）编程。Torch 是一个经典的对多维矩阵数据进行操作的张量（tensor）库，与 TensorFlow 的静态计算图不同，PyTorch 的计算图是动态的，可以根据计算需要实时改变计算图。

案例 3-5 飞桨（PaddlePaddle）

飞桨以百度多年的深度学习技术研究和业务应用为基础，集深度学习核心训练和推理框架、基础模型库、端到端开发套件和丰富的工具组件于一体，2016 年正式开源，是中国首个自主研发、功能完备、开源开放的产业级深度学习平台。

飞桨在业内率先实现了动静统一的框架设计，兼顾科研和产业需求，具备开发便捷的深度学习框架、超大规模深度学习模型训练、多端多平台部署的高性能推理引擎、产业级开源模型库四大领先技术。在硬件方面，飞桨与芯片厂商深度优化，适配芯片或 IP 达到 31 种，对国产硬件的支持处于业界领先地位，持续打造软硬一体的人工智能技术底座。

（二）流程角度分类

还有很多其他框架会专注模型训练的上下游，例如大数据处理框架（如 Spark、Flink）、可解释机器学习框架（如 AutoDL、AutoX）、特征工程框架（如 FeatureTools）、机器学习工作流框架（如 MLflow）等。

1. 大数据处理框架

案例 3-6 Apache（阿帕奇）Spark 和 MapReduce

Apache Spark 和 MapReduce 是两种最常见的大数据处理框架。MapReduce 采用拆分 – 应用 – 合并的策略进行数据分析，把拆分后的数据存储到集群的磁盘上。相比之下，Spark 在其数据存储之上使用内存，可以在整个集群中并行地加载、处理数据。比起 MapReduce，Spark 更有速度优势，因为它的数据分布和并行处理是在内存中完成的。

功能特点：

高速（Speed）：因为它是内存处理的。

缓存（Caching）：Spark 有一个缓存层来缓存数据，加速处理进程。

部署（Deployment）：可以部署在 Hadoop 集群或自己的 Spark 集群中。

多语言（Polyglot）：代码可以用 Python、Java、Scala 和 R 编写。

实时（Real-time）：开发它的目的就是为了支持"实时"用例。

2. 可解释机器学习框架

机器学习在金融、零售、工业预测性维护等众多场景已得到较为普遍的应用。然而，在具体业务场景中，机器学习仍然常被视为一个"黑盒"，如果不对模型进行合理的解释，业务人员就无法完全信任和理解模型的决策，使得模型的使用受到限制。可解释机器学习的目的就在于让用户理解并信任我们的模型。在建模阶段，可解释能力可以辅助开发人员理解模型，进行模型的对比选择、优化和调整。在模型上线运行后，可解释能力可以用于向业务人员解释模型的内部机制，对模型的预测结果进行解释。

案例 3-7 AutoDL、AutoX

飞桨自动化深度学习工具 AutoDL，自动网络结构设计，开源的 AutoDL 设计的图像分类网络在 CIFAR10 数据集的正确率达到 98%，效果优于目前已公开的 10 类人类专家设计的网络，居于业内领先位置。AI 独角兽开源了一个自动机器学习的代码库 AutoX，其中 AutoX-Interpreter 内置了丰富的机器学习可解释算法以及对应的使用案例。

3. 特征工程框架

案例 3-8 FeatureTools

FeatureTools 是执行自动化特征工程的框架。它擅长将时间和关系数据集转换为用于机器学习的特征矩阵。FeatureTools 实际上就是把常见的特征工程方法进行了自动化封装，所谓的 dfs（深度特征合成）和深度学习没有关系，指的是常规特征工程操作的复杂化如多重的 groupby。特征工程常见的方法分为两种：

（1）针对单表的转换操作，如登录变换、特征编码等，都是在一张表上进行的；

（2）groupby 聚合操作，一般是跨表进行的，如 groupby、min、max、mean 等。

FeatureTools 涉及 3 个概念，实体（entity，多个实体则称为实体集 entityset）、关系（relationship）、算子（primitive）。所谓的实体就是一张表或者一个 dataframe，多张表的集合就叫实体集，关系就是表之间的关联键的定义，而算子就是一些特征工程的函数，例如 groupby、mean、max、min 等。FeatureTools 实际上就是提供了一个框架可以方便、快速地通过简约的代码来实现单表的转换操作和多表的跨表连接操作。

4. 机器学习工作流框架

案例 3-9　MLFlow

MLFlow 是一款管理机器学习工作流程的工具，核心由以下 4 个模块组成：

（1）MLFlow Tracking（追踪）：通过 API 的形式管理实验的参数、代码、结果，并且通过 UI 的形式做对比。

（2）MLFlow Projects（方案）：代码打包的一套方案。

（3）MLFlow Models（模型）：一套模型部署的方案。

（4）MLFlow Model Registry（模型注册）：一套管理模型和注册模型的方案。

案例 3-10　Blackhole ML

Blackhole ML 是一款高性能机器学习引擎，主要由以下几个模块构成：

（1）algos（算法交易）：包括常见的分类、回归、聚类等机器学习算法。

（2）preprocessing（预处理）：常见的数据预处理、特征工程等方法。

（3）model_selection（模型选择）：模型调优模块。

（4）mrtics（指标）：包含常用的模型评估指标。

数据砖块（Data bricks）认为应该使用一种更好的方式来管理机器学习生命周期，于是他们推出了 MLFlow，一个开源的机器学习平台。MLFlow 主要解决了以下几个问题。

（1）算法训练实验难以追踪，所以需要有一个实验管理工具追踪（Tracking）。这个工具能够记录算法、参数、模型结果、效果等参数。

（2）算法脚本难以重复运行，原因很多，如代码版本、参数，还有运行环境。解决办法就是所有的算法项目应该都有一套标准的方案概念，记录下来这些东西，并且这个方案是可以拟合所有算法框架的。

（3）部署模型是一个艰难的过程，在 ML 界，目前还没有一个标准的打包和部署模型的机制。解决的办法是模型（Models）概念，Models 提供了工具和标准帮助部署各种算法框架的模型。

第二节　大数据技术的基础知识

考核知识点及能力要求：

- 了解批量数据处理系统；
- 了解流式数据处理系统；
- 了解交互式数据处理系统；
- 了解图数据处理系统。

大数据中蕴含的宝贵价值成为人们存储和处理大数据的驱动力。维克托·迈尔·舍恩伯格在《大数据时代》一书中指出了大数据时代处理数据理念的三大转变，即要全体不要抽样，要效率不要绝对精确，要相关不要因果。因此，海量数据的处理对于当前存在的技术来说是一种极大的挑战。目前，人们对大数据的处理形式主要是对静态数据的批量处理、对在线数据的实时处理，以及对图数据的综合处理。其中，在线数据的实时处理又包括对流式数据的处理和实时交互计算两种。本节将详细阐述几种数据形式的特征和各自的典型应用以及相应的代表性系统。

一、批量数据处理系统

利用批量数据挖掘合适的模式，得出具体的含义，制定明智的决策，最终做出有效的应对措施实现业务目标是大数据批处理的首要任务。大数据的批量处理系统适用于先存储后计算，实时性要求不高，同时数据的准确性和全面性更为重要。

1. 批量数据的特征

批量数据通常具有 3 个特征。

（1）数据体量巨大。数据从 TB 级别跃升到 PB 级别。数据以静态的形式存储在硬盘中，很少进行更新，存储时间长，可以重复利用，然而这样大批量的数据不容易对其进行移动和备份。

（2）数据精确度高。批量数据往往是从应用中沉淀下来的数据，因此精度相对较高，是企业资产的一部分。

（3）数据价值密度低。以视频批量数据为例，在连续不断的监控过程中，可能有用的数据仅仅有一两秒。因此，需要通过合理的算法才能从批量的数据中抽取有用的价值。

此外，批量数据处理往往比较耗时，而且不提供用户与系统的交互手段，所以当发现处理结果和预期或与以往的结果有很大差别时，会浪费很多时间。因此，批量数据处理适合大型的相对比较成熟的作业。

2. 典型应用

物联网、云计算、互联网以及车联网等无一不是大数据的重要来源，当前批量数据处理可以解决前述领域的诸多决策问题并发现新的问题。因此，批量数据处理可以适用于较多的应用场景。下面主要选择互联网领域的应用、安全领域的应用以及公共服务领域的应用这 3 个典型应用场景加以介绍。

在互联网领域中，批量数据处理的典型应用场景主要包括：

（1）社交网络：脸书、新浪微博、微信等以人为核心的社交网络产生了大量的文本、图片、音视频等不同形式的数据。对这些数据的批量处理可以对社交网络进行分析，发现人与人之间隐含的关系或者他们中存在的社区，推荐朋友或者相关的主题，提升用户的体验。

（2）电子商务：电子商务中产生大量的购买历史记录、商品评论、商品网页的访问次数和驻留时间等数据，通过批量分析这些数据，每个商铺可以精准地选择其热卖商品，从而提升商品销量；这些数据还能够分析出用户的消费行为，为客户推荐相关商品，以提升优质客户数量。

（3）搜索引擎：谷歌等大型互联网搜索引擎与雅虎的专门广告分析系统，通过对广告相关数据的批量处理来改善广告的投放效果以提高用户的点击量。在安全领域中，批量数据主要用于欺诈检测和 IT 安全。在金融服务机构和情报机构中，欺诈检测一直都是关注的重点。通过对批量数据的处理，可对客户交易和现货异常进行判断，从而对可能存在的欺诈行为提前预警。另外，企业通过处理机器产生的数据，识别恶意软件和网络攻击模式，从而使其他安全产品判断是否接受来自这些来源的通信。

在公共服务领域，批量数据处理的典型应用场景主要包括：

（1）能源：例如，对来自海洋深处地震时产生的数据进行批量的排序和整理，可能发现海底石油的储量；通过对用户能源数据、气象与人口方面的公共及私人数据、历史信息、地理数据等的批量处理，可以提升电力服务，尽量为用户节省在资源方面的投入。

（2）医疗保健：通过对患者以往的生活方式与医疗记录进行批量处理分析，提供语义分析服务，对病人的健康提供医生、护士及其他相关人士的回答，并协助医生更好地为患者进行诊断。

当然，大数据的批量处理不只应用到这些领域，还有移动数据分析、图像处理以及基础设施管理等领域。随着人们对数据中蕴含价值的认识，会有更多的领域通过对数据的批量处理挖掘其中的价值来支持决策和发现新的洞察。

3. 代表性的处理系统

由谷歌公司 2003 年研发的谷歌文件系统 GFS 和 2004 年研发的 MapReduce 编程模型以其 Web 环境下批量处理大规模海量数据的特有魅力，在学术界和工业界引起了很大反响。虽然谷歌没有开源这两项技术的源码，但是基于这两篇开源文档，2006 年 Nutch 项目子项目之一的 Hadoop 实现了两个强有力的开源产品：HDFS 和 MapReduce。Hadoop 成为典型的大数据批量处理架构，由 HDFS 负责静态数据的存储，并通过 MapReduce 将计算逻辑分配到各数据节点进行数据计算和价值发现。Hadoop 顺应了现代主流 IT 公司的一致需求，之后以 HDFS 和 MapReduce 为基础建立了很多项目，形成了 Hadoop 生态圈。

MapReduce 编程模型之所以受到欢迎并迅速得到应用，在技术上主要有 3 个方面的原因。

（1）MapReduce 采用无共享大规模集群系统。集群系统具有良好的性价比和可伸缩性，这一优势为 MapReduce 成为大规模海量数据平台的首选创造了条件。

（2）MapReduce 模型简单、易于理解、易于使用。它不仅用于处理大规模数据，而且能将很多烦琐的细节隐藏起来（如自动并行化、负载均衡和灾备管理等），极大地简化了程序员的开发工作。而且，大量数据处理问题，包括很多机器学习和数据挖掘算法，都可以使用 MapReduce 实现。

（3）虽然基本的 MapReduce 模型只提供一个过程性的编程接口，但在海量数据环境、需要保证可伸缩性的前提下，通过使用合适的查询优化和索引技术，MapReduce 仍能够提供很好的数据处理性能。

二、流式数据处理系统

谷歌于 2010 年推出了 Dremel，引领业界向实时数据处理迈进。实时数据处理是针对批量数据处理的性能问题提出的，可分为流式数据处理和交互式数据处理两种模式。在大数据背景下，流式数据处理源于服务器日志的实时采集，交互式数据处理的目标是将 PB 级数据的处理时间缩短到秒级。

1. 流式数据的特征及典型应用

（1）流式数据的特征。通俗而言，流式数据是一个无穷的数据序列，序列中的每一个元素来源各异，格式复杂，序列往往包含时序特性，或者有其他的有序标签（如 IP 报文中的序号）。从数据库的角度而言，每一个元素可以看作是一个元组，而元素的特性则类比于元组的属性。流式数据在不同的场景下往往体现出不同的特征，如流速大小、元素特性数量、数据格式等，但大部分流式数据都含有共同的特征，这些特征便可用来设计通用的流式数据处理系统。下面简要介绍流式数据共有的特征。

1）流式数据的元组通常带有时间标签或含时序属性。因此，同一流式数据往往是被按序处理的。然而数据的到达顺序是不可预知的，由于时间和环境的动态变化，无法保证重放数据流与之前数据流中数据元素顺序的一致性。这就导致了数据的物理顺序与逻辑顺序不一致。而且，数据源不受接收系统的控制，数据的产生是实时的、不可预知的。此外，数据的流速往往有较大的波动，因此需要系统具有很好的可伸缩性，能够动态适应不确定流入的数据流，具有很强的系统计算能力和大数据流量动态匹配的能力。

2）数据流中的数据格式可以是结构化的、半结构化的甚至是无结构化的。数据流中往往含有错误元素、垃圾信息等。因此流式数据的处理系统要有很好的容错性与异构数据分析能力，能够完成数据的动态清洗、格式处理等。

3）流式数据是活动的（用完即弃），随着时间的推移不断增长，这与传统的数据处理模型（存储®查询）不同，要求系统能够根据局部数据进行计算，保存数据流的动态属性。流式处理系统针对该特性，应当提供流式查询接口，即提交动态的 SQL 语句，实时地返回当前结果。

（2）典型应用。流式计算的应用场景较多，典型的有两类：

数据采集应用：数据采集应用主动获取海量的实时数据，及时地挖掘出有价值的信息。当前数据采集的应用有日志采集、传感器采集、Web 数据采集等。日志采集系统是针对各类平台不断产生的大量日志信息量身定做的处理系统，通过流式挖掘日志信息，达到动态提醒与预警功能。传感器采集系统（物联网）通过采集传感器的信息（通常包含时间、位置、环境和行为等内容），实时分析提供动态的信息展示，目前主要应用于智能交通、环境监控、灾难预警等。Web 数据采集系统是利用网络爬虫程序抓取万维网上的内容，通过清洗、归类、分析并挖掘其数据价值。

金融银行业的应用：在金融银行领域的日常运营过程中会产生大量数据，这些数据的时效性往往较短，不仅有结构化数据，也会有半结构化和非结构化数据。通过对这些大数据的流式计算，发现隐含于其中的内在特征，可帮助金融银行进行实时决策。这与传统的商业智能（BI）分析不同，BI 要求数据是静态的，通过数据挖掘技术，获得数据的价值。然而在瞬息万变的场景下，诸如股票期货市场，数据挖掘技术不能及时地响应需求，就需要借助流式数据处理的帮助。

总之，流式数据的特点是数据连续不断、来源众多、格式复杂、物理顺序不一、数据的价值密度低。而对应的处理工具则需具备高性能、实时、可扩展等特性。

2. 代表性的处理系统

流式数据处理已经在业界得到广泛应用，典型的有推特的 Storm、脸书的 Scribe、领英的 Samza、Cloudera（克劳德拉）的 Flume、Apache（阿帕奇）的 Nutch。

（1）推特的 Storm 系统。Storm 是一套分布式、可靠、可容错的用于处理流式数据的系统。其流式处理作业被分发至不同类型的组件，每个组件负责一项简单的、特定的处理任务。Storm 集群的输入流由名为 Spout 的组件负责。Spout 将数据传递给名为 Bolt 的组件，后者以指定的方式处理这些数据，如持久化或者处理并转发给另外的 Bolt。Storm 集群可以看成一条由 Bolt 组件组成的链（称为一个 Topology）。每个 Bolt 对 Spout 产生出来的数据做某种方式的处理。

Storm 可用来实时处理新数据和更新数据库，兼具容错性和扩展性。Storm 也可被用于连续计算，对数据流做连续查询，在计算时将结果以流的形式输出给用户。它还可被用于分布式 RPC，以并行的方式运行复杂运算。

一个 Storm 集群分为 3 类节点：

1）NimBUs 节点，负责提交任务，分发执行代码，为每个工作节点指派任务和监控失败的任务；

2）Zookeeper 节点，负责 Storm 集群的协同操作；

3）Supervisor 节点，负责启动多个 Worker 进程，执行 Topology 的一部分，这个过程是通过 Zookeeper 节点与 NimBUs 节点通信完成的。因为 Storm 将所有的集群状态保存在 Zookeeper 或者本地磁盘上，Supervisor 节点是无状态的，因此其失败或者重启不会引起全局的重新计算。

Storm 的主要特点是：

1）简单的编程模型：Storm 提供类似于 MapReduce 的操作，降低了并行批处理与实时处理的复杂性。一个 Storm 作业只需实现一个 Topology 及其所包含的 Spout 与 Bolt。通过指定它们的连接方式，Topology 可以胜任大多数的流式作业需求。

2）容错性：Storm 利用 Zookeeper 管理工作进程和节点的故障。在工作过程中，如果出现异常，Topology 会失败。但 Storm 将以一致的状态重新启动处理，这样它可以正确地恢复。

3）水平扩展：Storm 拥有良好的水平扩展能力，其流式计算过程是在多个线程、进程和服务器之间并行进行的。NimBUs 节点将大量的协同工作都交由 Zookeeper 节点负责，使得水平扩展不会产生瓶颈。

4）快速可靠的消息处理：Storm 利用 ZeroMQ 作为消息队列，极大地提高了消息传递的速度，系统的设计也保证了消息能得到快速处理。Storm 保证每个消息至少能得到一次完整处理。任务失败时，它会负责从消息源重试消息。

（2）领英的 Samza 系统。领英早期开发了一款名叫 Kafka 的消息队列，广受业界的好评，许多流式数据处理系统都使用了 Kafka 作为底层的消息处理模块。Kafka 的工作过程简要分为 4 个步骤，即生产者将消息发往中介（broker），消息被抽象为 Key-Value 对，Broker 将消息按主题划分，消费者向 Broker 拉取感兴趣的主题。2013 年，领英基于 Kafka 和 YARN 开发了自己的流式处理框架——Samza。Samza 与 Kafka 的关系可以类比 MapReduce 与 HDFS 的关系。Samza 系统由 3 个层次组成，包括流式数据层（Kafka）、执行层（YARN）、处理层（Samza API）。一个 Samza 任务的输入与输出均是流。Samza 系统对流的模型有很严格的定义，它并不只是一个消息交换的机制。流在 Samza 的系统中是一系列划分了的、可重现的、可多播的、无状态的消息序列，每一个划分都是有序的。流不仅是 Samza 系统的输入与输出，它还充当系统中的缓冲区，能够隔离相互之间的处理过程。Samza 利用 YARN 与 Kafka 提供了分步处理与划分流的框架。Samza 客户端向 Yarn 的资源管理器提交流作业，生成多个 Task Runner 进程，这些进程执行用户编写的 StreamTasks 代码。该系统的输入与输出来自 Kafka 的 Broker 进程。

Samza 的主要特性有：

1）高容错：如果服务器或者处理器出现故障，Samza 将与 YARN 一起重新启动流处理器。

2）高可靠性：Samza 使用 Kafka 来保证所有消息都会按照写入分区的顺序进行处理，绝对不会丢失任何消息。

3）可扩展性：Samza 在各个等级进行分割和分布；Kafka 提供一个有序、可分割、可重部署、高容错的系统；YARN 提供一个分布式环境供 Samza 容器运行。

三、交互式数据处理

1. 交互式数据处理的特征与典型应用

（1）交互式数据处理的特征。与非交互式数据处理相比，交互式数据处理灵活、直观、便于控制。系统与操作人员以人机对话的方式一问一答——操作人员提出请求，数据以对话的方式输入，系统便提供相应的数据或提示信息，引导操作人员逐步完成所需的操作，直至获得最后处理结果。采用这种方式，存储在系统中的数据文件能够被及时处理修改，同时处理结果可以被立刻使用。交互式数据处理具备的这些特征能够保证输入的信息得到及时处理，使交互方式继续进行下去。

（2）典型应用。在大数据环境下，数据量的急剧膨胀是交互式数据处理系统面临的首要问题。下面主要选择信息处理系统领域和互联网领域作为典型应用场景进行介绍。

1）在信息处理系统领域中，主要体现了人机间的交互。传统的交互式数据处理系统主要以关系型数据库管理系统（DBMS）为主，面向两类应用，即联机事务处理（OLTP）和联机分析处理（OLAP）。OLTP 基于关系型数据库管理系统，广泛用于政府、医疗以及对操作序列有严格要求的工业控制领域；OLAP 基于数据仓库系统（data warehouse），广泛用于数据分析、商业智能（BI）等。最具代表性的处理是数据钻取，如在 BI 中，可以对数据进行切片和多粒度的聚合，从而通过多维分析技术实现数据的钻取。目前，基于开源体系架构下的数据仓库系统发展十分迅速，以 Hive、Pig 等为代表的分布式数据仓库能够支持上千台服务器的规模。

2）互联网领域。在互联网领域中，主要体现了人机间的交互。随着互联网技术的发展，传统的简单按需响应的人机互动已不能满足用户的需求，用户之间也需要交互，这种需求诞生了互联网中交互式数据处理的各种平台，如搜索引擎、电子邮件、即时通信工具、社交网络、微博、博客以及电子商务等，用户可以在这些平台上获取或分享各种信息。由此可见，用户与平台之间的交互变得越来越容易，越来越频繁。这些平台中数据类型的多样性，使得传统的关系数据库不能满足交互式数据处理的实时性需求。目前，各大平台主要使用 NoSQL 类型的数据库系统来处理交互式的数据，如

HBase 采用多维有续表的列式存储方式；MongoDB 采用 JSON 格式的数据嵌套存储方式。大多 NoSQL 数据库不提供 Join 等关系数据库的操作模式，以增加数据操作的实时性。

2. 代表性的处理系统

交互式数据处理系统的典型代表系统是伯克利的 Spark 系统和谷歌的 Dremel 系统。

（1）伯克利的 Spark 系统。Spark 是一个基于内存计算的可扩展的开源集群计算系统。针对 MapReduce 的不足，即大量的网络传输和磁盘 I/O 使得效率较低，Spark 使用内存进行数据计算以便快速处理查询，实时返回分析结果。Spark 提供比 Hadoop 更高层的 API，同样的算法在 Spark 中的运行速度比 Hadoop 快 10 ~ 100 倍。Spark 在技术层面兼容 Hadoop 存储层 API，可访问 HDFS、HBASE、SequenceFile 等。Spark-Shell 可以开启交互式 Spark 命令环境，能够提供交互式查询。

Spark 是为集群计算中的特定类型的工作负载而设计，即在并行操作之间重用工作数据集（如机器学习算法）的工作负载。

Spark 的计算架构具有 3 个特点：

1）Spark 拥有轻量级的集群计算框架。Spark 将 Scala 应用于它的程序架构，而 Scala 这种多范式的编程语言具有并发性、可扩展性以及支持编程范式的特征，与 Spark 紧密结合，能够轻松地操作分布式数据集，并且可以轻易地添加新的语言结构。

2）Spark 包含了大数据领域的数据流计算和交互式计算。Spark 可以与 HDFS 交互取得里面的数据文件，同时 Spark 的迭代、内存计算以及交互式计算为数据挖掘和机器学习提供了很好的框架。

3）Spark 有很好的容错机制。Spark 使用了弹性分布数据集（RDD），RDD 被表示为 Scala 对象分布在一组节点中的只读对象集中，这些集合是弹性的，保证了如果有一部数据集丢失时，可以对丢失的数据集进行重建。

Spark 高效处理分布数据集的特征使其有着很好的应用前景，目前的几大 Hadoop 发行商如 Cloudera 等都提供了对 Spark 的支持。

（2）谷歌的 Dremel 系统。Dremel 是谷歌研发的交互式数据分析系统，专注于只读嵌套数据的分析。Dremel 可以组建成规模上千的服务器集群，处理 PB 级数据。传统的 MapReduce 完成一项处理任务，最短需要分钟级的时间，而 Dremel 可以将处理时间缩短到秒级。Dremel 是 MapReduce 的有力补充，可以通过 MapReduce 将数据导入到 Dremel 中，使用 Dremel 来开发数据分析模型，最后在 MapReduce 中运行数据分析模型。

Dremel 作为大数据的交互式处理系统可以与传统的数据分析或商业智能工具在速度和精度上媲美。Dremel 系统主要有以下 5 个特点：

1）Dremel 是一个大规模系统。在 PB 级数据集上要将任务缩短到秒级，需要进行大规模的并发处理，而磁盘的顺序读速度在 100 MB/S 上下，因此在 1 s 内处理 1TB 数据就意味着至少需要有 1 万个磁盘的并发读，但是机器越多，出问题概率越大，如此大的集群规模，需要有足够的容错考虑，才能够保证整个分析的速度不被集群中的个别慢（坏）节点影响。

2）Dremel 是对 MapReduce 交互式查询能力不足的有力补充。Dremel 利用 GFS 文件系统作为存储层，常常用它来处理 MapReduce 的结果集或建立分析原型。

3）Dremel 的数据模型是嵌套的。Dremel 类似于 Json，支持一个嵌套的数据模型。对于处理大规模数据，不可避免地有大量的 Join 操作，而传统的关系模型显得力不从心，Dremel 却可以很好地处理相关的查询操作。

4）Dremel 中的数据是用列式存储的。使用列式存储，在进行数据分析的时候，可以只扫描所需要的那部分数据，从而减少 CPU 和磁盘的访问量。同时，列式存储是压缩友好的，通过压缩可以综合 CPU 和磁盘从而发挥最大的效能。

5）Dremel 结合了 Web 搜索和并行 DBMS 的技术。首先，它借鉴了 Web 搜索中查询树的概念，将一个相对巨大复杂的查询，分割成较小、较简单的查询，分配到并发的大量节点上。其次，与并行 DBMS 类似，Dremel 可以提供一个 SQL-like 的接口。

四、图数据处理系统

图由于自身的结构特征，可以很好地表示事物之间的关系，在近几年已成为各学科研究的热点。图中点和边的强关联性，需要图数据处理系统对图数据进行一系列的操作，包括图数据的存储、图查询、最短路径查询、关键字查询、图模式挖掘以及图数据的分类、聚类等。随着图中节点和边数的增多（达到几千万甚至上亿数），图数据处理的复杂性给图数据处理系统提出了严峻的挑战。下面主要阐述图数据的特征和典型应用以及代表性的图数据处理系统。

1. 图数据的特征及典型应用

（1）图数据的特征。图数据中主要包括图中的节点以及连接节点的边，通常具有3个特征。

1）节点之间的关联性。图中边的数量是节点数量的指数倍，因此，节点和关系信息同等重要，图结构的差异也是由于对边做了限制，在图中，顶点和边实例化构成各种类型的图，如标签图、属性图、语义图以及特征图等。

2）图数据的种类繁多。在许多领域中，使用图来表示该邻域的数据，如生物、化学、计算机视觉、模式识别、信息检索、社会网络、知识发现、动态网络交通、语义网、情报分析等。每个领域对图数据的处理需求不同，因此，没有一个通用的图数据处理系统满足所有领域的需求。

3）图数据计算的强耦合性。在图中，数据之间是相互关联的，因此，对图数据的计算也是相互关联的。这种数据耦合的特性对图的规模日益增多达到上百万甚至上亿节点的大图数据计算提出了巨大的挑战。

大图数据是无法使用单台机器进行处理的，但如果对大图数据进行并行处理，对于每一个顶点之间都是连通的图来讲，难以分割成若干完全独立的子图进行独立的并行处理；即使可以分割，也会面临并行机器的协同处理，以及将最后的处理结果进行合并等一系列问题。这需要图数据处理系统选取合适的图分割以及图计算模型来迎接挑战并解决问题。

（2）典型应用。图能很好地表示各实体之间的关系，因此，在各个领域得到了广泛的应用，如计算机领域、自然科学领域以及交通领域。

1）互联网领域的应用。随着信息技术和网络技术的发展，以 Web 2.0 技术为基础的社交网络（如脸书、人人网）、微博（如推特、新浪微博、腾讯微博）等新兴服务中建立了大量的在线社会网络关系，用图表示人与人之间的关系。在社交网络中，基于图研究社区发现等问题；在微博中，通过图研究信息传播与影响力最大化等问题。除此之外，用图表示如 E-mail 中的人与人之间的通信关系，从而可以研究社会群体关系等问题；在搜索引擎中，可以用图表示网页之间相互的超链接关系，从而计算一个网页的 PageRank 得分等。

2）自然科学领域的应用。图可以用来在化学分子式中查找分子，在蛋白质网络中查找化合物，在 DNA 中查找特定序列等。

3）交通领域的应用。图可用来在动态网络交通中查找最短路径，在邮政快递领域进行邮路规划等。当然，图还有一些其他的应用，如疾病暴发路径的预测与科技文献的引用关系等。图数据虽然结构复杂，处理困难，但是它有很好的表现力，因此得到了各领域的广泛应用。随着图数据处理中所面临的各种挑战被不断地解决，图数据处理将有更好的应用前景。

2. 代表性图数据处理系统

现今主要的图数据库有 GraphLab、Giraph（基于 Pregel 克隆）、Neo4j、HyperGraphDB、InfiniteGraph、Cassovary 以及 Trinity 等。下面介绍 3 个典型的图数据处理系统，包括谷歌的 Pregel 系统、Neo4j 系统和微软的 Trinity 系统。

（1）谷歌的 Pregel 系统。Pregel 是谷歌提出的基于 BSP（bulk synchronous parallel）模型的分布式图计算框架，主要用于图遍历（BFS）、最短路径（SSSP）、PageRank 计算等。BSP 模型是并行计算模型中的经典模型，采用的是"计算 – 通信 – 同步"的模式。它将计算分成一系列超步（superstep）的迭代。从纵向上看，它是一个串行模式，而从横向上看，它是一个并行的模式，每两个超步之间设置一个栅栏，即整体同步点，确定所有并行的计算都完成后再启动下一轮超步。Pregel 的设计思路是以节点为中心计算，节点有两种状态：活跃和不活跃。初始时每个节点都处于活跃状态，完成计算后每个节点主动 "Vote to Halt" 进入不活跃状态。如果接收到信息，则激活。没有活跃节点和消息时，整个算法结束。

Pregel 架构有 3 个主要特征：

1）采用主 / 从（Master/Slave）结构来实现整体功能。一个节点为 Master，负责对整个图结构的任务进行切分，根据节点的 ID 进行散列计算分配到 Slave 机器，Slave 机器进行独立的超步计算，并将结果返回给 Master。

2）有很好的容错机制。Pregel 通过 Checkpoint 机制实行容错，节点向 Master 汇报心跳维持状态，节点间采用异步消息传输。

3）使用 GFS 或 BigTable 作为持久性的存储。

Apache 根据谷歌于 2010 年发表的 Pregel 论文开发了高可扩展的迭代的图处理系统 Giraph，现在已经被脸书用于分析社会网络中用户间的关系图中。

（2）Neo4j 系统。Neo4j 是一个高性能的、完全兼容 ACID 特性的、鲁棒的图数据库。它基于 Java 语言开发，包括社区版和企业版，适用于社会网络和动态网络等场景。Neo4j 在处理复杂的网络数据时表现出很好的性能。数据以一种针对图形网络进行过优化的格式保存在磁盘上。Neo4j 重点解决了拥有大量连接的查询问题，提供了非常快的图算法、推荐系统以及 OLAP 风格的分析，满足了企业的应用、健壮性以及性能的需求，得到了很好的应用。

Neo4j 系统具有以下 5 个特性：

1）支持数据库的所有特性：Neo4j 的内核是一种极快的图形引擎，支持事物的 ACID 特性、两阶段提交、符合分布式事务以及恢复等。

2）高可用性：Neo4j 通过联机备份实现它的高可用性。

3）可扩展性：Neo4j 提供了大规模可扩展性，可以在一台机器上处理数十亿节点 / 关系 / 属性的图，也可以扩展到多台机器上并行运行。

4）灵活性：Neo4j 拥有灵活的数据结构，可以通过 Java-API 直接与图模型进行交互。对于 JRuby/Ruby、Scala、Python 以及 Clojure 等其他语言，也开发了相应的绑定库。

5）高速遍历：Neo4j 中图遍历执行的速度是常数，与图的规模大小无关。它的读性能可以实现每毫秒遍历 2 000 关系，而且完全是事务性的。Neo4j 以一种延迟风格遍历图，即节点和关系只有在结果迭代器需要访问它们的时候才会被遍历并返回，支持深度搜索和广度搜索两种遍历方式。

（3）微软的 Trinity 系统。Trinity 是微软推出的一款建立在分布式云存储上的计算平台，可以提供高度并行查询处理、事务记录、一致性控制等功能。Trinity 主要使用内存存储，磁盘仅作为备份存储。

Trinity 有以下 4 个特点：

1）数据模型是超图。超图中，一条边可以连接任意数目的图顶点。此模型中图的边称为超边。基于这种特点，超图比简单图的适用性更强，保留的信息更多。

2）并发性。Trinity 可以配置在一台或上百台计算机上。Trinity 提供了一个图分割机制，由一个 64 位的唯一标识 UID 确定各节点的位置，利用散列方式映射到相应的机器上，以尽量减少延迟。Trinity 可以并发执行 PageRank、最短路径查询、频繁子图挖掘以及随机游走等操作。

3）具有数据库的一些特点。Trinity 是一个基于内存的图数据库，有丰富的数据库特点，如在线高度并行查询处理、ACI 交易支持、并发控制以及一致性维护等。

4）支持批处理。Trinity 支持大型在线查询和离线批处理，并且支持同步和不同步批处理计算。相比之下，Pregel 只支持在线查询处理，批处理必须是严格的同步计算。

微软现在使用 Trinity 作为 Probase 的基础架构，可以从网上自动获得大规模的知识库。Trinity 主要作用是分类建设、数据集成以及查询 Probase。Trinity 也被用于其他的项目中，如 Aether 项目，其功能也在不断地增加中。

五、总结

面对大数据，各种处理系统层出不穷，各有特色。总体来说，我们可以总结出 3 种发展趋势。

（1）数据处理引擎专用化。为了降低成本，提高能效，大数据系统需要摆脱传统的通用体系，趋向专用化架构技术。为此，国内外的互联网龙头企业都在基于开源系统开发面向典型应用的大规模、高通量、低成本、强扩展的专用化系统。

（2）数据处理平台多样化。自 2008 年以来克隆了谷歌的 GFS 和 MapReduce 的 Apache Hadoop 逐渐被互联网企业广泛接纳，并成为大数据处理领域的事实标准。但在全面兼容 Hadoop 的基础上，Spark 通过更多地利用内存处理大幅提高系统性能。而 Scribe、Flume、Kafka、Storm、Drill、Impala、TEZ/Stinger、Presto、Spark/Shark 等的出现并不是取代 Hadoop，而是扩大了大数据技术的生态环境，促使生态环境向良性化和完整化发展。

（3）数据计算实时化。在大数据背景下，作为批量计算的补充，旨在将 PB 级数据的处理时间缩短到秒级的实时计算受到越来越多的关注。

第三节　容器及虚拟化技术的基础知识

考核知识点及能力要求：

● 了解容器体系结构；

● 了解虚拟机体系结构；

● 了解容器和虚拟机的区别。

一、容器体系结构

容器是一个隔离的轻型接收器，用于在主机操作系统上运行应用程序。容器在主机操作系统的内核（可以将其视为操作系统的隐藏管道）上构建，只包含应用和一些轻型操作系统 API 以及在用户模式下运行的服务，如图 3-3 所示。

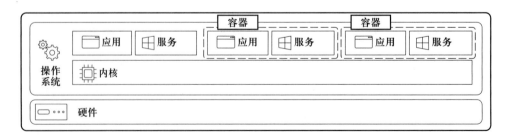

图 3-3　容器体系示意图

二、虚拟机体系结构

与容器不同，VM 运行的是完整的操作系统（包括其自己的内核），如图 3-4 所示。

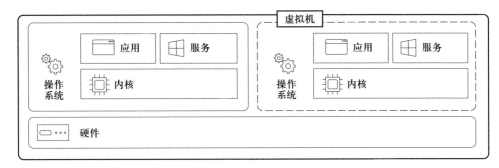

图 3-4 虚拟机体系示意图

三、容器与虚拟机

表 3-1 展示了容器和虚拟机相关技术的对比分析。

表 3-1 容器与虚拟机对比

特点	容器	虚拟机
隔离	通常提供与主机和其他容器的轻度隔离，但不提供与 VM 一样强的安全边界	提供与主机操作系统和其他 VM 的完全隔离。当强安全边界很关键时这很有用
操作系统	运行操作系统的用户模式部分，可以对其进行定制，使之只包含应用所需的服务，减少所使用的系统资源	运行包含内核的完整操作系统，因此需要更多的系统资源（CPU、内存和存储）
来宾兼容性	在与主机相同的操作系统版本上运行	运行虚拟机内的几乎任何操作系统
部署	通过命令行使用 Docker 部署单个容器；使用 Azure Kubernetes 服务等业务流程协调程序部署多个容器	使用 Windows Admin Center 或 Hyper-V 管理器部署单个 VM；使用 PowerShell 或 System Center Virtual Machine Manager 部署多个 VM
操作系统更新和升级	在容器中更新或升级操作系统文件的操作是相同的	在每个 VM 上下载并安装操作系统更新。安装新的操作系统版本需要升级；通常情况下，直接创建全新 VM
持久存储	使用本地磁盘作为当前节点存储，或使用文件存储服务为多节点提供存储服务	对单个 VM 使用进行本地存储的虚拟硬盘（VHD），或对多个服务器共享的存储使用 SMB 文件共享

续表

特点	容器	虚拟机
负载均衡	容器本身不移动，而是由业务流程协调程序在群集节点上自动启动或停止容器，以管理负载和可用性方面的更改	虚拟机负载均衡将运行中的 VM 移动到故障转移群集中的其他服务器
容错	如果某个群集节点发生故障，则在该节点上运行的所有容器都将在另一个群集节点上由业务流程协调程序快速重新创建	VM 可以将故障转移到群集中的另一台服务器，并在新服务器上重启 VM 的操作系统
网络	使用虚拟网络适配器的隔离视图，在减少使用资源的同时，稍微减少提供的虚拟化。主机的防火墙与容器共享	使用虚拟网络适配器

思考题

1. 大数据处理框架有什么功能、特点？

2. 图数据的特征及典型应用有什么？

3. 容器和虚拟机的区别是什么？

第四章
人工智能平台测试验证

通过测试验证环节对人工智能平台的质量把关，决定了后续交付环节与运维环节的困难程度。

- **职业功能：** 人工智能测试验证。

- **工作内容：** 针对人工智能平台的功能、效果、性能、兼容性、安全性、易用性等方面，设计验证测试方案，找出产品缺陷。

- **专业能力要求：** 能绘制至少 1 类人工智能场景的验证流程图；能撰写人工智能平台、算法、模型的验证报告；能完整验证人工智能平台开发的算法和模型的精度等主流算法指标；能基于给定场景验证人工智能端到端线上线下一致性等业务正确性指标。

- **相关知识要求：** 人工智能平台主要组件的使用流程；人工智能平台主要组件的功能验证方法和性能验证方法；人工智能平台验证报告撰写规范。

第一节　人工智能平台测试验证流程

考核知识点及能力要求：

● 了解人工智能平台测试验证工作流程；

● 了解人工智能平台测试验证场景；

● 了解人工智能平台特有测试验证工具；

● 了解人工智能平台测试验证环节。

一、人工智能平台测试验证工作流程

人工智能平台测试验证工作流程分为以下四个大阶段：

（1）需求评审阶段；

（2）测试用例评审阶段；

（3）提测阶段；

（4）编写提交测试报告阶段。

每个大阶段又可以细分成多个小阶段，详细工作流程如图 4-1 所示。

（一）需求评审阶段

需求评审阶段首先需要由产品经理、项目经理、测试和开发人员完成需求评审，明确需求及任务完成时间，产品经理需提供详细的需求文档、产品功能清单，研发人员需向测试人员提供产品项目需求文档、接口文档等，明确测试任务，确定测试周期。需求评审完后由项目经理发出项目计划表，后续项目进展时间节点按照此项目计划表

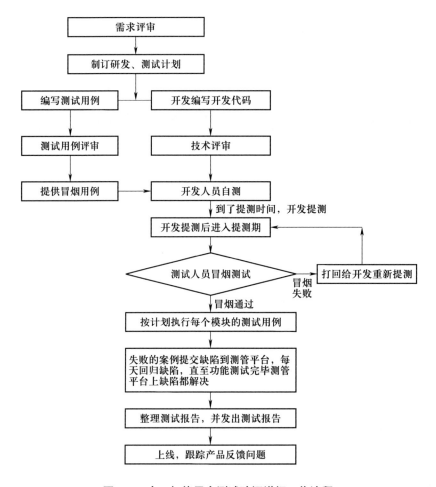

图 4-1 人工智能平台测试验证详细工作流程

来执行。接下来的时间测试人员在此阶段处于测试准备阶段，需要通读项目需求设计
文档，包括《软件概要设计》《软件需求规格说明书》，根据《软件需求规格说明书》
编写软件需求列表，根据项目需要，测试人员明确列出本测试任务的范围，制订测试
计划，搭建测试软/硬件环境，确认测试方法和测试资源，接下来可在开发阶段之前
或开发阶段中开始编写设计测试用例。

（二）测试用例评审阶段

测试人员会根据产品功能列表尽量多地设计测试用例，尽可能多地覆盖所有的测
试需求。测试用例完成后需进行用例评审，测试用例模板见表 4-1。产品和对应的研
发人员必须参加，评审会上发现的问题需要及时补充和完善。

表 4-1 测试用例模板

功能 A 描述			
用例目的			
前提条件			
用例编号	输入 / 动作	期望的输出 / 响应	实际情况
	示例：典型值		
	示例：边界值		
	示例：异常值		
功能 B 描述			
用例目的			
前提条件			
用例编号	输入 / 动作	期望的输出 / 响应	实际情况
	示例：典型值		
	示例：边界值		
	示例：异常值		

测试用例的主要来源为：①需求说明书及相关文档；②相关的设计说明（概要设计、详细设计等）；③与开发组交流对需求理解的记录（可以是开发人员的一个解释）；④已经基本成型的 UI（可以有针对性地补充一些用例）。

（三）提测阶段

开发提测后，执行冒烟测试用例，冒烟通过率低于 80%，测试有权力打回测试。冒烟通过后进入正式测试阶段，测试过程中发现的缺陷需要记录在测管平台中，测试人员要争取每个缺陷都能够重现，便于开发修改；测试人员将缺陷反馈给相关开发人员，开发人员进行修复，测试人员对已修复的缺陷进行再次验证，直到缺陷解决为止，把状态设置为关闭，并记录测试结果。缺陷状态说明、常用缺陷状态说明见表 4-2。

当达到了测试退出准则后即可退出测试过程，以下是一些退出规则。

（1）系统满足需求规格说明书的要求；

（2）按照测试计划完成测试；

（3）测试用例执行覆盖率达到 100%；

表 4-2 　　　　　　　　　　缺陷状态说明、常用缺陷状态说明

打开	测试人员报告缺陷的状态
修复中	研发人员修复缺陷的状态
已修复	研发人员修改完缺陷待测试的状态
已关闭	测试人员对修正后的缺陷进行回归测试后，确认缺陷已修正，关闭缺陷状态
重开	测试人员对修正后的缺陷进行回归测试后，确认缺陷未修正
以后解决	研发人员和测试人员判断本期不予解决的缺陷状态

（4）测试需求覆盖率达到 100%；

（5）阻塞级、严重级、重要级缺陷修复率达到 100%；

（6）次要级、不重要级缺陷修复率达到 80%；

（7）程序能够处理要求的负载；

（8）系统在要求的硬件和软件平台上工作正常，以上正常流程运转中，如遇到时间周期与预计不符或产品功能未达到既定要求或产品稳定性过低等情况，应通知测试负责人与项目负责人，由其决定是否终止测试并打回研发阶段进行问题修复。

（四）编写提交测试报告

测试报告主要包括功能测试报告、程序错误报告、测试分析报告。具体内容见表 4-3 ~ 表 4-5。

表 4-3 　　　　　　　　　　功能测试报告

测试项目（项目名称）		测试人		测试类型	
测试时间		版本		测试批次	
功能 1（功能名称）		合格率		评定分数	
测试评定	缺陷级别：A: 　个 B: 　个 C: 　个 D: 　个				
测试问题	1. 2. ……				
功能 2（功能名称）		合格率		评定分数	
测试评定	缺陷级别：A: 　个 B: 　个 C: 　个 D: 　个				
测试问题	1. 2. ……				

表 4–4　　　　　　　　　　　　　　　　　**程序错误报告**

测试项目（项目名称）					测试类型	
模块名称（模块名称）					版本	
测试时间		测试人		合格率	评定分数	
测试评定	缺陷级别：A:　　个 B:　　个 C:　　个 D:　　个					
序号	缺陷级别	错误描述			缺陷状态	备注

表 4–5　　　　　　　　　　　　　　　　　**测试分析报告**

编写目的	编写本文档的目的在于通过对测试结果的分析得到对软件的评价；为纠正软件缺陷提供依据；使用户对系统运行建立信心
参考资料	说明软件测试所需的资料（需求分析、设计规范等）
术语和缩写词	说明本次测试所涉及的专业术语和缩写词等
测试对象	包括测试项目、测试类型、测试批次（本测试类型的第几次测试）、测试时间等
测试结果分析	列出测试结果分析记录，并按下列模板产生缺陷分布表和缺陷分布图

1. 分析模板

根据从软件测试中发现的，并最终确认的错误点等级数量来评估。

从以上提出的缺陷等级来统计等级和数量的一个分布情况，如下：

项目	A	B	C	D	E
缺陷数量	2	17	3	0	1
所占比例	9%	74%	13%	0%	4%

2. 对比分析

若非首次测试时，将本次测试结果与首次测试、前一次测试的结果进行对比分析。

3. 测试评估

通过对测试结果的分析提出一个对软件能力的全面分析，需标明遗留缺陷、局限性和软件的约束限制等，并提出改进建议。

4. 测试结论

根据测试标准及测试结果，判定软件能否通过测试。

测试负责人：　　　　　　　　　年　　　月　　　日

（五）上线监控

上线监控的目的是发现在线下环境较难发现的问题，尽早干预，避免引起严重后果。这主要是因为线上环境场景和数据的复杂度是测试环境不能比拟的，以及业务操作存在很强的不可控性。这就需要测试人员在项目上线之后的几个小时内，重点监控线上数据的流向，一旦数据有异常，立即采取措施，回滚代码又或者重新打开开关等，尽量将线上缺陷引起的损失降到最低，接下来就开始修改缺陷和修复数据。

二、人工智能平台测试验证场景

虽然人工智能平台适用场景广泛，但通常情况下还是会限定某些具体的场景来进行测试验证。这样做不仅有助于控制测试验证的复杂度，更能够对平台使用方提供具体直观的用例。

常见的测试验证场景如下：

（一）数据类型

1. 结构化数据

结构化数据一般是指可以使用关系型数据库表示和存储，可以用二维表来逻辑表达实现的数据。一般特点是：数据以行为单位，一行数据表示一个实体的信息，每一行数据的属性是相同的，存储在数据库中；能够用数据或统一的结构加以表示，如数字、符号；能够用二维表结构来逻辑表达实现，包含属性和元组。例如，成绩单就是属性，90 分就是其对应的元组。结构化数据的存储和排列是很有规律的，这对查询和修改等操作很有帮助。在传统的机器学习和大数据领域，结构化数据是非常常见的。

2. 半结构化数据

半结构化数据是结构化数据的一种形式，它并不符合关系型数据库或其他数据表的形式关联起来的数据模型结构，但包含相关标记，用来分隔语义元素以及对记录和字段进行分层，数据的结构和内容混在一起，没有明显的区分，因此，它也被称为自描述的结构。简单地说，半结构化数据就是介于完全结构化数据和完全无结构的数据之间的数据。例如，HTML 文档、JSON、XML 和一些 NoSQL 数据库等就属于半结构化数据。在人工智能领域使用半结构化数据的主要有知识图谱、文档等场景。

3. 非结构化数据

非结构化数据是没有固定结构的数据。所有格式的办公文档、文本、图片、XML、HTML、报表、图像和音频/视频信息等都属于非结构化数据。对于这类数据，我们一般直接整体进行存储，而且一般存储为二进制的数据格式。这在我们生活中非常常见。文本文件：文字处理、电子表格、演示文稿、电子邮件、日志；社交媒体：来自新浪微博、微信、脸书、推特、领英等平台的数据；网站：油管、照片墙、照片共享网站；移动数据：短信、位置等；通信：聊天、即时消息、电话录音、协作软件等；媒体：MP3、数码照片、音频文件、视频文件。由此，我们可以看出非结构化数据利用非常广，在人工智能里可以再细分为 CV、NLP、ASR、TTS 等场景。

（二）任务类型

可以将人工智能场景划分为有监督学习、无监督学习以及强化学习。有监督学习又分为分类任务场景和回归任务场景，非监督学习又分为聚类场景和降维场景。

以某结构化自动监督学习场景为例（见表 4-6），我们会通过采用不同的数据集、测试脚本、分类器来测试，验证和基线之间的差异和运行时间，确保多次运行能在平台上表现一致。

表 4-6　　　　　　　　　　人工智能 AutoML 平台部分测试结果

ID	1
Dataset	bank
Case_name	bank_0318-143631
task_type	regression
script_type	feql
应用 _name	qbrt
metrics_value	49.24
gap	符合标准（+3.78%）
Running-time（h）	3.96037

三、人工智能平台测试验证工具

因为人工智能平台具有编程语言多、涉及组件多、底层硬件复杂、上层应用场景广泛等特点，所以人工智能平台的验证工具呈现出广、杂、碎的情况。除一般软件验证测试中常用的 Web 测试、UI 测试等工具外，人工智能平台因其自身特殊性还需要以下几种定制化测试工具。

（一）一致性测试工具

在人工智能领域，一致性是指线上日志中打印的预估值，与同模型在线下例行产生的训练数据上的预估值，以及相应的 AUC 的一致性。细究不一致的原因，主要可分为数据不一致和结果不一致。为了确保数据和结果都保持一致，根据平台使用方式来构建一些一致性测试场景，有些场景需要开发侧提供测试数据和有向无环图（dag）。根据这些场景来构建测试脚本工具以及梳理测试流程。表 4-7 展示了某机器学习平台一致性测试场景。

表 4-7　　　　　　　　　　　某机器学习平台一致性测试场景

模块	类型	事例
离线	数据拆分算子	（1）关闭随机拆分后数据的一致性
		（2）关闭随机拆分不同先知版本之间的拆分数据是否一致
		（3）同一先知版本 AIO 和软件版拆分一致性
	FEQL	（1）使用 FEQL 做时序特征和使用 TFE 样本签名是否一致
		（2）同一数据不同先知版本 FEQL 产生的结果是否一致
		（3）同一先知版本 AIO 和软件版拆分一致性
	FE	（1）同一数据不同先知版本样本签名一致性
		（2）同一先知版本 AIO 和软件版 FE 签名一致性
	模型预测	FE 和模型预测设置不同的 executorNumber 和 executorCores 时预测结果的一致性
	模型预测涉及 Spark 的算子	（1）同一模型，同一份数据不同先知版本预测结果的一致性
		（2）同一模型，同一份数据 AIO 和软件版本预测结果的一致性
		（3）SQL 算子设置不同的 executorNumber 和 executorCores，脚本做排序，结果产出的一致性
	涉及 Spark 的算子预估打分	（1）Pyspark 算子设置不同的 executorNumber 和 executorCores，脚本做排序，结果产出的一致性
		（2）预测算子，设置不同的 executorNumber 和 executorCores，脚本做排序，结果产出的一致性
		（3）不同算法在线预估打分与离线预估打分的一致性

续表

模块	类型	事例
在线	预估打分 FE	（1）使用 TFE 的在线和离线的打分一致性
		（2）使用 FEQL 的在线和离线的打分一致性
		（3）不同并发数与请求数量下在线打分的一致性（1为基础，rowInstance 中数据为 1 条）
		（4）rowInstance 中带有多条数据的在线打分一致性
		（5）在线和离线 FE 的签名一致性
	FE	（1）使用 FEQL 的 FE 在线和离线签名一致性
		（2）使用 TFE 在线和离线签名一致性

具体来讲，这个一致性测试脚本可根据以下规则去设计：

（1）离线在线分离，将在线预估服务请求部分做得更通用，支持自定义算子的在线预估；

（2）集成 jenkins，实现多表输入，可采用上传有向无环图等方法；

（3）增加一些参数化的设置，增加一些核查机制，使脚本更加灵活；

（4）和业务团队合作，增加更多的一致性场景。

（二）自动化混沌工程

当系统上线后，我们如何知道系统是否处于稳定状态呢？通常可以通过单元测试、集成测试和性能测试等手段进行验证。但是，无论这些测试写得多好，都远远不够，因为错误可以在任何时间发生，尤其是对分布式系统而言，此时就需要引入混沌工程（ChaosEngineering）。目前市面上大多的混沌工程测试工具都着眼于故障注入工具，例如 chaos blade 和针对 K8s 的 chaos mesh，但这些工具大多是一种模拟故障的工具，混沌工程除故障模拟外，还需要提供整个混沌工程的自动化解决方案，包括自动化的故障注入、恢复、监控、测试和分析，并且我们还要统计故障发生后系统自动探测到并做故障转移的时间，故障发生后系统自动恢复的时间，故障发生后对哪些业务造成何种影响。因此自动化的混沌工程解决方案，不仅要包括更加丰富的故障注入类型，还需要集成 jvm-sandbox 这种通过 java 字节码注入技术的动态故障注入技术，并且也集成了 proxy server 技术劫持用户正常请求并加以篡改、转发等，以此注入特定故障。

四、人工智能平台测试验证环境

人工智能平台的验证环境一般分为平台部署环境、算子训练环境、算子推理环境以及测试环境四种。

（一）平台部署环境

平台部署环境一般指人工智能平台自身组件运行的环境。

因为人工智能平台自身组件在功能上不会与数据以及算法直接打交道，因此平台部署环境呈现出以下几个特点。

1. 灵活多变：物理机、虚拟机、容器云、一体机等环境均可

（1）物理机：是相对于虚拟机而言的对实体计算机的称呼。我们平时看到的笔记本、台式计算机、服务器等都可以称为物理机。

（2）虚拟机：与现在流行的"云计算"的概念有着紧密联系，虚拟机的概念在 IaaS 层，即基础设施，也就是服务部分。我们需要在几百上千台物理机上部署虚拟化软件，如 vmware 等，使得其表现就像一台巨大的计算机。同时它还具有灵活性和解耦性，可以在一台物理机上部署 10 台虚拟机，使得一台物理机的表现就像 10 台性能略差的服务器，当不需要他们时，又可以随时回收资源重新分配。

（3）容器云：也是虚拟层的概念，对比虚拟机，容器更加轻量级。虚拟机中需要模拟一台物理机的所有资源，例如要模拟出有多少 CPU、网卡、显卡等，但容器仅在操作系统层面上，对应用的所需各类资源进行隔离。这也是为何微服务、PaaS 和 Docker 现在如此火爆的原因，它具有资源消耗少、迁移部署简单、启动快、成本低等优点。

2. 操作系统兼容性强：理论上平台组件可以部署在 Linux、Unix 甚至 Windows 上

（二）算子训练环境

算子训练环境一般指训练机器学习相关算法和算子的运行环境。

算子训练环境与两个方面息息相关：

一是数据复杂度。一般来说，场景越复杂、数据量越多，那么训练所需的资源量和资源种类越多。例如统一使用 AlexNet 网络进行训练，使用 Mnist 数据集和使用 ImageNet 数据集所需的计算量完全不同，前者可以在 CPU 上完成训练，而后者则要使用 GPU 来进行。AlexNet 是非常简单的 CNN 模型，大概结构包括卷积层 5 层、全连接层 3 层、深度 8 层、参数个数 60 M。AlexNet 结构如图 4-2 所示。

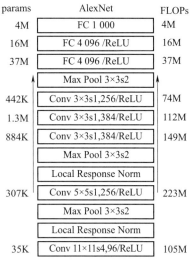

params	AlexNet	FLOPs
4M	FC 1 000	4M
16M	FC 4 096 /ReLU	16M
37M	FC 4 096 /ReLU	37M
	Max Pool 3×3s2	
442K	Conv 3×3s1,256/ReLU	74M
1.3M	Conv 3×3s1,384/ReLU	112M
884K	Conv 3×3s1,384/ReLU	149M
	Max Pool 3×3s2	
	Local Response Norm	
307K	Conv 5×5s1,256/ReLU	223M
	Max Pool 3×3s2	
	Local Response Norm	
35K	Conv 11×11s4,96/ReLU	105M

图 4-2　AlexNet 结构

二是模型复杂度。随着模型发展迭代，复杂度上升，所需要的硬件条件也在不断演进。图 4-3、图 4-4 展示了模型复杂度的演进和硬件条件的变化。

图 4-3 所示是针对不同的 CV、NLP 和语音模型以及 Transformer 模型的不同比例（750 倍 /2 年）训练 SOTA 模型所需的计算量，以 Peta FLOP 为单位；以及所有模型组合的缩放比例（15 倍 /2 年），其中最下方的线是摩尔定律。我们可以发现随着模型发展，摩尔定律在逐渐失效。

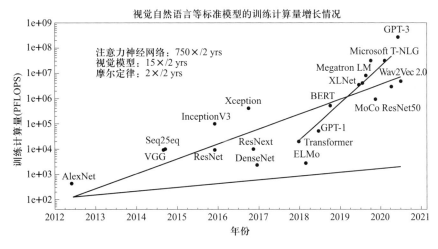

图 4-3　模型复杂度演进

带宽增长非常缓慢（每 20 年增长 30 倍，而单设备的计算能力增长速度为 90 000 倍）。

（三）算子推理环境

算子推理环境一般指已经训练完成的机器学习算法和算子执行预测过程的环境。

算子推理环境与算子训练环境类似，也是受数据复杂度和模型复杂度两个方面影响的，一般情况下单个模型推理所需的资源占用量要小于模型本身训练所需的资源占用量。

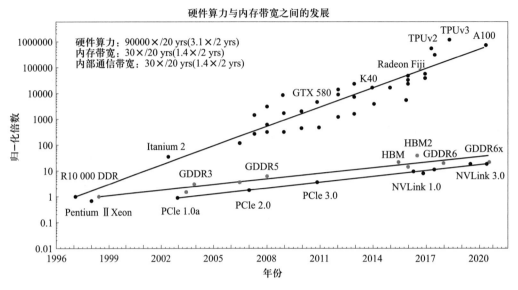

图4-4 硬件条件变化

（四）测试环境

测试环境一般指对人工智能平台发起测试用例的环境。

测试环境可以使用各类终端设备，如 Windows PC、Macbook 等。

第二节 人工智能平台测试验证任务范围

考核知识点及能力要求：

- 了解常见软件测试验证任务范围；

- 了解人工智能平台测试验证任务的特殊性；

- 能设计人工智能平台测试验证任务。

一、常见软件测试验证任务范围

（一）功能测试

功能测试就是对产品的各功能进行验证，根据功能测试用例，逐项测试，检查产品是否达到用户要求的功能。功能测试（Functional testing），也称行为测试（Behavioral testing），根据产品特性、操作描述和用户方案，测试一个产品的特性和可操作行为以确定它们满足设计需求。功能测试包括通过图形用户界面（GUI）、应用程序接口（API）、安全性、数据库、客户端应用程序、服务器应用程序和应用程序功能进行测试。功能测试只需考虑需要测试的各个功能，不需要考虑整个软件的内部结构及代码。一般从软件产品的界面、架构出发，按照需求编写出测试用例，输入数据在预期结果和实际结果之间进行评测，进而提出使产品达到用户使用的要求。

（二）界面测试

界面测试（User interface testing），简称 UI 测试，测试用户界面的功能模块的布局是否合理，整体风格是否一致和各个控件的放置位置是否符合客户使用习惯，更重要的是要符合操作是否便捷，导航是否简单易懂，界面中文字是否正确，命名是否统一，页面是否美观，文字、图片组合是否完美等。测试目标主要包括通过浏览测试对象可正确反映业务的功能和需求，这种浏览包括窗口与窗口之间、字段与字段之间的浏览，以及各种访问方法（Tab 键、鼠标移动和快捷键）的使用；窗口的对象和特征（如菜单、大小、位置、状态和中心）都符合标准。测试方法为每个窗口创建或修改测试，以核实各个应用程序窗口和对象都可正确地进行浏览，并处于正常的对象状态。最终测试合格即为证实各个窗口都与基准版本保持一致，或符合可接受标准。

（三）接口测试

接口测试是软件测试的一种，它包括两种测试类型：狭义上指的是直接针对 API 的功能进行的测试；广义上指集成测试中，通过调用 API 测试整体的功能完成度、可靠性、安全性与性能等指标。API 的调用没有 GUI 操作，是一种发生在信息层的测试，在由于敏捷开发广泛应用而使得 GUI 经常有变化的当下，利用 GUI 执行大批量自动化测试几乎不可能，因而针对相对稳定不变的 API 进行的测试有着极高的重要性，将其自动化也是一个很重要的工作。

（四）极限测试

极限测试法的宗旨是，挑战软件，向它提困难的问题，而测试人员本身也不断向软件提出挑战：如何使软件发挥到最大程度，哪些特性会使软件运行到其设计的极限，哪些输入和数据会耗费软件最多的运算能力。具体来讲，包括高并发压力测试（如高峰期间的网站负载），数据极限的操作测试（例如，将本地数据库的数据清空为 0 时，校验功能是否正常；将本地数据库的数据远远高于最大值，校验功能是否正常），存储空间的操作测试（例如，下载的内容，存储空间不足情况下，校验下载是否正常），CPU 或内存占用的操作测试（例如，运行的应用，在内存占用不足的情况下，校验应用运行是否正常），网络传输的操作测试（例如，连接网络，但是速度慢的情况下，校验功能是否正常），文件大小的操作测试（例如，下载或上传的文件远远大于上限时，校验功能是否正常），动作操作冲突的测试（例如，切换不同的操作步骤，在快速操作的情况下，校验功能是否正常），数据操作冲突的测试（例如，数据同步、切换，处理冲突时，校验功能是否正常）。

（五）负载测试

负载测试（Load testing），不限制软件的运行资源，测试软件的数据吞吐量上限，以发现设计上的错误或验证系统的负载能力。在这种测试中，将使测试对象承担不同的工作量，以评测和评估测试对象在不同工作量条件下的性能行为，以及持续正常运行的能力。负载测试的目标是确定并确保系统在超出最大预期工作量的情况下仍能正常运行。此外，负载测试还要评估性能特征。例如，响应时间、事务处理速率和其他与时间相关的方面。

（六）性能测试

性能测试是通过自动化的测试工具模拟多种正常、峰值以及异常负载条件来对系统的各项性能指标进行测试。负载测试和压力测试都属于性能测试，两者可以结合进行。通过负载测试，确定在各种工作负载下系统的性能，目标是测试当负载逐渐增加时，系统各项性能指标的变化情况。压力测试是通过确定一个系统的瓶颈或者不能接受的性能点，来获得系统能提供的最大服务级别的测试。

（七）稳定性测试

总的来说，稳定性测试是用来验证产品在一定的负载下是否能够长时间的稳定运行，其主要目的是验证能力，并在能力的验证过程中找到系统不稳定的因素并进行分析解决。

（八）兼容性测试

兼容性测试指对所设计程序与硬件、软件之间的兼容性的测试。一般来说，兼容性指能同时容纳多个方面，在计算机术语上兼容是指几个硬件之间、几个软件之间或是软硬件之间的相互配合程度。我们平时关注较多的包括：①浏览器兼容测试。测试程序在不同浏览器上是否可以正常运行，功能能否正常使用。②屏幕尺寸和分辨率兼容测试。测试程序在不同分辨率下能否正常显示。③操作系统兼容测试。测试程序在不同的操作系统下能否正常运行，功能能否正常使用，显示是否正确等。④不同设备型号兼容测试。针对于应用，现在移动设备型号五花八门，主要测试应用在主流设备上能否正常运行，会不会出现崩溃的现象。

二、人工智能平台测试验证任务特殊性

人工智能平台的测试验证任务在分类上继承自软件测试验证任务，但是具有以下特点。

（一）对"性能"一词的默认定义不同

对于软件开发人员，在软件开发过程中"性能"常常作为"软件性能"，通常来讲包括响应时间、应用延迟时间、吞吐量、并发用户数、资源利用率等指标，想要测量软件性能往往会使用一些压力测试等方法来测量。

对于数据科学家来说，在机器学习语义下"性能"一词默认指的是"模型性能"（Model Performance）。度量模型性能过程所使用的指标也是有差异性的，主要包括准确率、错误率、精确率、召回率、F_1、ROC 曲线、AUC、代价矩阵和回归问题的性能度量，当然也包括一些其他评价指标，如计算速度、鲁棒性等。评价模型性能所使用过的方法和软件性能也不太一样，是通过操作数据集来使用的。

即使是同一个人，在不同场景下关注的性能指标也不完全一致，所以最好具体说明使用哪个指标来度量的性能。

（二）模型性能与软件性能互相关联

绝大部分机器学习算子都可以实现模型性能和软件性能的互相转化，即通过牺牲模型性能来提升软件性能（一般是模型预测速度）或反之。因此在设计用例和任务时要从模型性能和软件性能两个方面入手来约束才能达到明确规定的目的。例如，可参考如图 4-5 所示的 MobileNetV2 模型测试结果，随着 CPU 延迟增加，模型表现出来的准确率（Accuracy）在增加；而新一代的 MobileNetV3 模型相较于 MobileNetV2 进行了迭代优化，优化了搜索机制和减少了部分网络最后阶段计算量，因此同样的 CPU 延迟下，计算精度有所提高。

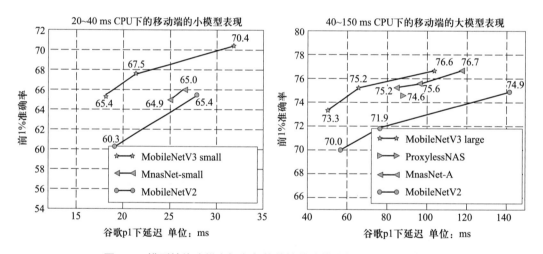

图 4-5　模型性能（纵坐标）与软件性能（横坐标）可以互相转化

（三）推理场景需要明确区分在线推理和离线推理

在机器学习的语境下，我们通常用训练和推理两个词来区分两个阶段，但如果细分来说，推理阶段可以区分为在线推理和离线推理两个阶段。在线推理更类似一般的 WEB API，是服务的概念，没有主动结束的概念，因此整个推理过程对延迟和吞吐较为敏感，可能会限制模型的复杂度，因为是服务，所以对监控和可用性方面的需求更多。

而离线推理更类似模型训练阶段，往往实现的是对批量数据的处理，是任务的概念，是会主动结束的，因此，相较于关注延迟，更关注整体运行时长。

（四）线上线下算子一致性

人工智能平台需要重点保证线上线下算子一致性，线上线下算子一致性可以细分为数据一致性和最终一致性两部分。

（1）数据一致性：指的是在线环境模型预估所使用的数据与离线环境模型建模所用的数据不同导致的模型效果下降。数据格式不正确、数据处理逻辑不一致、数据时序不一致等很多问题都会引发数据一致性问题。

（2）最终一致性：最终一致性又称模型打分一致性，指的是通过对比离线环境与在线环境对同一份数据集合中每条数据的打分结果来保证模型效果完全一致的过程。人工智能平台在内部流转和优化过程中有多个步骤可能影响最终一致性，如模型转储、上线加速等。

第三节　人工智能平台测试验证指标

考核知识点及能力要求：

- 了解常见软件测试验证指标；
- 了解人工智能平台测试验证特有指标。

一、常见软件测试验证指标

（一）功能性指标

功能性是软件最重要的质量特征之一，可以细化成完备性和正确性。对软件的功能性评价主要采用定性评价方法。

1. 完备性

完备性是与软件功能完整、齐全有关的软件属性。如果软件实际完成的功能少于或不符合研制任务书所规定的明确或隐含的功能，则不能说该软件的功能是完备的。

2. 正确性

正确性是与能否得到正确或相符的结果或效果有关的软件属性。软件的正确性在很大程度上与软件模块的工程模型（直接影响辅助计算的精度与辅助决策方案的优劣）和软件编制人员的编程水平有关。对这两个子特征的评价依据主要是软件功能性测试的结果，评价标准则是软件实际运行中所表现的功能与规定功能的符合程度。在软件的研制任务书中，明确规定了该软件应该完成的功能，如信息管理、提供辅助决策方案、辅助办公和资源更新等；那么即将进行验收测试的软件就应该具备这些明确或隐含的功能。对于软件的功能性测试主要针对每种功能设计若干典型测试用例，软件测试过程中运行测试用例，然后将得到的结果与已知标准答案进行比较。所以，测试用例集的全面性、典型性和权威性是功能性评价的关键。

（二）可靠性指标

根据相关的软件测试与评估要求，可靠性可以细化为成熟性、稳定性、易恢复性等。对于软件的可靠性评价主要采用定量评价方法。即选择合适的可靠性度量因子（可靠性参数），然后分析可靠性数据而得到参数具体值，最后进行评价。经过对软件可靠性细化分解并参照研制任务书，可以得到软件的可靠性度量因子（可靠性参数）。

1. 可用度

可用度是指软件运行后在任一随机时刻需要执行规定任务或完成规定功能时，软件处于可使用状态的概率。可用度是对应用软件可靠性的综合（即综合各种运行环境以及完成各种任务和功能）度量。

2. 初期故障率

初期故障率是指软件在初期故障期（一般以软件交付给用户后的三个月内为初期故障期）内单位时间的故障数。一般以每 100 小时的故障数为单位。可以用它来评价交付使用的软件质量与预测什么时候软件可靠性基本稳定。初期故障率的大小取决于软件设计水平、检查项目数、软件规模、软件调试彻底与否等因素。

3. 偶然故障率

偶然故障率是指软件在偶然故障期（一般以软件交付给用户后的四个月以后为偶然故障期）内单位时间的故障数。一般以每 1 000 小时的故障数为单位，它反映了软件处于稳定状态下的质量。

4. 平均失效前时间（MTTF）

平均失效前时间是指软件在失效前正常工作的平均统计时间。

5. 平均失效间隔时间（MTBF）

平均失效间隔时间是指软件在相继两次失效之间正常工作的平均统计时间。在实际使用时，MTBF 通常是指当 n 很大时，系统第 n 次失效与第 $n+1$ 次失效之间的平均统计时间。对于失效率为常数和系统恢复正常时间很短的情况下，MTBF 与 MTTF 几乎是相等的。国外一般民用软件的 MTBF 在 1 000 小时左右。对于可靠性要求高的软件，则要求在 1 000 ~ 10 000 小时。

6. 缺陷密度（FD）

缺陷密度是指软件单位源代码中隐藏的缺陷数量。通常以每千行无注解源代码为一个单位。一般情况下，可以根据同类软件系统的早期版本估计 FD 的具体值。如果没有早期版本信息，也可以按照通常的统计结果来估计。典型的统计表明，在开发阶段，平均每千行源代码有 50 ~ 60 个缺陷，交付后平均每千行源代码有 15 ~ 18 个缺陷。

7. 平均失效恢复时间（MTTR）

平均失效恢复时间是指软件失效后恢复正常工作所需的平均统计时间。对于软件，其失效恢复时间为排除故障或系统重新启动所用的时间，而不是对软件本身进行修改的时间（因软件已经固化在机器内，修改软件势必涉及重新固化问题，而这个过程的时间是无法确定的）。

（三）易用性指标

易用性可以细化为易理解性、易学习性和易操作性等。这三个特征主要是针对用户而言的。对软件的易用性评价主要采用定性评价方法。

1. 易理解性

易理解性是与用户认识软件的逻辑概念及其应用范围所做的努力有关的软件属性。该特征要求软件研制过程中形成的所有文档语言简练、前后一致、易于理解以及语句无歧义。

2. 易学习性

易学习性是与用户为学习软件应用（如运行控制、输入、输出）所做的努力有关的软件属性。该特征要求研制方提供的用户文档（主要是《计算机系统操作员手册》《软件用户手册》和《软件程序员手册》）内容详细、结构清晰以及语言准确。

3. 易操作性

易操作性是与用户为操作和运行控制所做的努力有关的软件属性。该特征要求软件的人机界面友好、界面设计科学合理以及操作简单等。

4. 效率特征指标

效率特征可以细化成时间特征和资源特征。对软件的效率特征评价采用定量方法。

5. 输出结果更新周期

输出结果更新周期是软件相邻两次输出结果的间隔时间。为了整个系统能够协调工作，软件的输出结果更新周期应该与系统的信息更新周期相同。

6. 处理时间

处理时间是软件完成某项功能（辅助计算或辅助决策）所用的处理时间（注意：不应包含人机交互的时间）。

7. 吞吐率

吞吐率是单位时间软件的信息处理能力（即各种目标的处理批数）。未来的社会情况复杂、信息众多，软件必须具有处理海量数据的能力。吞吐率就是体现该能力的参数。随着信息的泛滥，要求软件的吞吐率应该达到数百批。

8. 代码规模

代码规模是软件源程序的行数（不包括注释），属于软件的静态属性。软件的代码规模过大不仅要占用过多的硬盘存储空间，而且显得程序不简洁、结构不清晰，容易存在缺陷。因为这些参数属于软件的内部表现，所以需要用专门的测试工具和特殊的途径才可以获得。将测试数据与研制任务书中的指标进行比较，得到的结果可以作为效率特征评价的依据。

二、人工智能平台测试验证特有指标

人工智能平台测试验证在传统指标的基础上主要增加了算子效果指标、算子运行指标、线上线下一致性三个方面的指标。

（一）算子效果指标

在不同的场景和任务中使用的指标也各有不同。

1. 分类任务

准确率（Accuracy）、精确率（Precision）、召回率（Recall）、P–R 曲线（Precision–Recall Curve）、F_1 值（F_1–Score）、ROC、AUC、混淆矩阵（Confuse Matrix）。

（1）准确率：准确率是分类问题中最为原始的评价指标，准确率的定义是预测正确的结果占总样本的百分比，其公式如下：

$$Accuracy=\frac{TP+T}{TP+TN+FP+F} \tag{4-1}$$

其中：

1）真正例（True Positive，TP）：被模型预测为正的正样本；

2）假正例（False Positive，FP）：被模型预测为正的负样本；

3）假负例（False Negative，FN）：被模型预测为负的正样本；

4）真负例（True Negative，TN）：被模型预测为负的负样本。

（2）精确率：又称查准率，它是针对预测结果而言的，它的含义是在所有被预测为正的样本中实际为正的样本的概率，意思就是在预测为正样本的结果中，有多少把握可以预测正确。精准率和准确率看上去有些类似，但却是完全不同的两个概念。精准率代表对正样本结果中的预测准确程度，而准确率则代表整体的预测准确程度，既包括正样本，也包括负样本。其公式如下：

$$Precision=\frac{TP}{TP+F} \tag{4-2}$$

（3）召回率：又称查全率，它是针对原样本而言的，它的含义是在实际为正的样本中被预测为正样本的概率，其公式如下：

$$Recall= \frac{TP}{TP+FN} \qquad (4-3)$$

（4）P–R 曲线：是描述精确率、召回率变化的曲线。P–R 曲线定义如下：根据学习器的预测结果（一般为一个实值或概率）对测试样本进行排序，将最可能是"正例"的样本排在前面，最不可能是"正例"的排在后面，按此顺序逐个把样本作为"正例"进行预测，每次计算出当前的 P 值和 R 值，绘制出 P–R 曲线。这条曲线显示了不同阈值下精确率和召回率之间的权衡。曲线下方的面积越大越能代表高召回率和高精度，其中高精度与低误报率相关，高召回率与低误报率相关。两者的高分表明分类器正在返回准确的结果（高精度），以及返回大部分阳性结果（高召回率）。比较在 Massachusetts Building 数据集上不同的深度模型表现，绘制出的 Precision–Recall（P–R）曲线如图 4–6 所示。

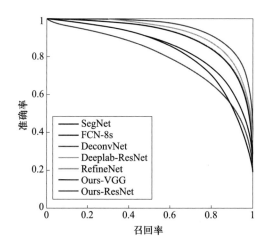

图4–6　比较在 Massachusetts Building 数据集上不同的深度模型表现，绘制出的 Precision–Recall（P–R）曲线

（5）F_1 值：从上面可以看出，Precision 和 Recall 指标有时是此消彼长的，即精准率高了，召回率就下降，在一些场景下要兼顾精准率和召回率，最常见的方法就是 F–Measure，又称 F–Score。F–Measure 是 P 和 R 的加权调和平均，即

$$\frac{1}{F_\beta} = \frac{1}{1+\beta^2} \cdot \left(\frac{1}{P} + \frac{\beta^2}{R} \right) \qquad (4-4)$$

$$F_{\beta} = \frac{(1+\beta^2) \times P \times R}{(\beta^2 \times P) + R} \qquad (4\text{--}5)$$

当 $\beta=1$ 时，也就是常见的 F_1–Score，是 P 和 R 的调和平均，当 F_1 较高时，模型的性能较好。

$$\frac{1}{F_1} = \frac{1}{2} \cdot \left(\frac{1}{P} + \frac{1}{R} \right) \qquad (4\text{--}6)$$

$$F_1 = \frac{2 \times P \times R}{P + R} \qquad (4\text{--}7)$$

（6）ROC（Receiver Operating Characteristic）曲线：该曲线最早应用于雷达信号检测领域，用于区分信号与噪声。后来人们将其用于评价模型的预测能力。ROC 以及后面要讲到的曲线下面积，是分类任务中非常常用的评价指标，ROC 曲线有个很好的特性：当测试集中的正负样本的分布变化的时候，ROC 曲线能够保持不变。在实际的数据集中经常会出现类别不平衡（Class Imbalance）现象，即负样本比正样本多很多（或者相反），而且测试数据中的正负样本的分布也可能随着时间变化，ROC 以及 AUC 可以很好地消除样本类别不平衡对指标结果产生的影响。图 4-7 就是一个标准的 ROC 曲线图。

（7）AUC（Area Under Curve）：又称曲线下面积，是处于 ROC Curve 下方的那部分面积的大小。通常，AUC 的值介于 0.5 ~ 1.0，较大的 AUC 代表了较好的 Performance。如果模型是完美的，那么它的 AUC=1.0，证明所有正例排在了负例的前面，如果模型是个简单的二类随机猜测模型，那么它的 AUC=0.5，如果一个模型好于另一个，则它的曲线下方面积相对较大，对应的 AUC 值也会较大。

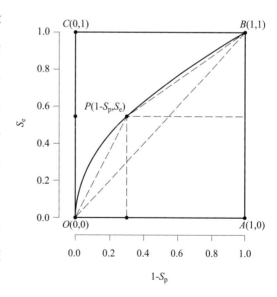

图 4-7 一个接收器的 ROC 曲线

（8）混淆矩阵：通过它可以直观地观察到算法的效果。它的每一列是样本的预测分类，每一行是样本的真实分类（反过来也可以），顾名思义，它反映了分类结果的混淆程度。混淆矩阵 i 行 j 列是原本是类别 i 却被分为类别 j 的样本个数，对角线元素表示预测标签等于真实标签的点数，而非对角线元素是那些被分类器错误标记的点。混淆矩阵的对角线值越高越好，表明正确的预测更多。计算完之后还可以对其进行可视化，如图4-8所示。

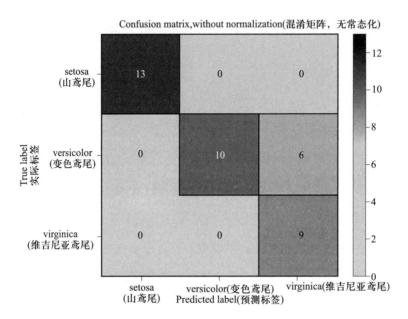

图4-8　混淆矩阵图

2. 聚类任务

聚类任务主要包括纯度（Purity）、兰德系数（Rand Index，RI）和调整兰德系数（Adjusted Rand Index，ARI）。

（1）纯度：可以比照前面介绍的分类任务中的准确率（Accuracy）来理解，它更类似聚类任务中的准确率，用聚类正确的样本数除以总的样本数。唯一不同的只是对于聚类后的结果，我们并不知道每个簇所对应的真实类别到底是什么，因此需要取每种情况下的最大值。纯度的计算公式定义如下：

$$\text{Purity}(\Omega, C) = \frac{1}{N} \sum_k \max_j |w_k \cap c_j| \tag{4-8}$$

其中，N 表示总的样本个数，Ω 表示聚类簇（cluster）划分，C 表示真实类别（class）划分。Purity（Ω，C）越接近1表示聚类结果越好。该值无法用于权衡聚类质量与簇个数之间的关系。

（2）兰德系数：兰德系数计算聚类（由聚类算法返回）与基准分类的相似程度。可以使用公式（4-9）计算：

$$RI = \frac{TP+TN}{TP+FP+FN+TN} \qquad (4-9)$$

TP 是真阳性的数量，TN 是真负数，FP 是误报的数量，FN 是假阴性的数量。这里计算的实例是正确的成对分配的数量。TP 是在预测分区和真实分区中聚集在一起的点对的数量，FP 是在预测分区中聚集在一起但不在真实分区中聚集在一起的点对的数量。如果数据集的大小为 N，则 $TP+TN+FP+FN = \binom{N}{2} n_{ij}$。

（3）调整兰德系数。RI 的问题在于对两个随机的划分，其 RI 值不是一个接近于 0 的常数。ARI 则是针对该问题对 RI 的修正。要计算该值，先计算出列联表（contingency table），表中每个值（公式）表示某个文件同时位于 cluster（Y）和 class（X）的个数，再通过该表可以计算 ARI 值即可。

$$
\begin{array}{cccccc}
Y & Y_1 & Y_2 & \cdots & Y_s & \text{Sums} \\
X_1 & n_{11} & n_{12} & \cdots & n_{1s} & a_1 \\
X_2 & n_{21} & n_{22} & \cdots & n_{2s} & a_2 \\
\vdots & \vdots & \vdots & \ddots & \vdots & \vdots \\
X_r & n_{r1} & n_{r2} & \cdots & n_{rs} & a_r \\
\text{Sums} & b_1 & b_2 & \cdots & b_s &
\end{array} \qquad (4-10)
$$

$$
\overset{\text{Adjusted Index}}{ARI} = \frac{\overset{\text{Index}}{\sum_{ij}\binom{n_{ij}}{2}} - \overset{\text{Expected Index}}{\left[\sum_i\binom{a_i}{2}\sum_j\binom{b_j}{2}\right]/\binom{n}{2}}}{\underset{\text{Max Index}}{\frac{1}{2}\left[\sum_i\binom{a_i}{2}+\sum_j\binom{b_j}{2}\right]} - \underset{\text{Expected Index}}{\left[\sum_i\binom{a_i}{2}\sum_j\binom{b_j}{2}\right]/\binom{n}{2}}} \qquad (4-11)
$$

3. 回归任务

回归任务主要包括均方根误差（Root Mean Square Error，RMSE）、均方误差（Mean Square Error，MSE）、平均绝对误差（Mean Absolute Error，MAE）、可决系数（R-Square）、拟合优度（Goodness of Fit）。

（1）均方根误差：也称方均根偏移（Root-Mean-Square Deviation，RMSD），是一种常用的测量数值之间差异的量度。

（2）均方误差：是反映估计量与被估计量之间差异程度的一种度量。设 t 是根据子样确定的总体参数 θ 的一个估计量，$(\theta-t)^2$ 的数学期望称为估计量 t 的均方误差。

它等于 σ^2+b^2，其中 σ^2 与 b 分别是 t 的方差与偏倚。公式如下：

$$RMSD(\hat{\theta}) = \sqrt{MSE(\hat{\theta})} = \sqrt{E\left[(\hat{\theta}-\theta)^2\right]} \qquad (4-12)$$

（3）平均绝对误差：指的就是模型预测值 $f(x)$ 与样本真实值 y 之间距离的平均值。其公式为：

$$MAE = \frac{1}{n}\sum_{i=1}^{n}|f_i-y_i| = \frac{1}{n}\sum_{i=1}^{n}|e_i| \qquad (4-13)$$

（4）可决系数：在统计学中用于度量应变数的变异中可由自变量解释部分所占的比例，以此来判断回归模型的解释力。

f_i：预测值。

y_i：真实值。

$e_i=|f_i-y_i|$，绝对误差。

样本数据集：(x_1, y_1), (x_2, y_2), $\cdots$, (x_n, y_n)。

经模型计算得到的预测值：$\hat{y_1}$, $\hat{y_2}$, $\cdots$, $\hat{y_n}$。

观测数据均值：$\bar{y} = \frac{1}{n}\sum_{i=1}^{n}y_i$。

残差 a（residual）（与方差成比例）：$e_i = y_i - \hat{y_i}$。

总平方和（total sum of squares）：$SS_{tot}=\sum_i(y_i-\bar{y})^2$。

回归平方和，又称可解释平方和（regression/explained sum of squares）：

$$SS_{reg}=\sum_i(\hat{y_i}-\bar{y})^2 \qquad (4-14)$$

残差平方和（residual sum of squares）：

$$SS_{res}=\sum_i(y_i-\hat{y_i})^2 = \sum_i e_i^2 \qquad (4-15)$$

知晓以上概念后，可决系数（coefficient of determination）的定义如下：

$$R^2=1-\frac{SS_{res}}{SS_{tot}} \qquad (4-16)$$

（5）拟合优度：是指回归直线对观测值的拟合程度。度量拟合优度的统计量是可决系数（也称确定系数）R^2。R^2 最大值为 1。R^2 的值越接近 1，说明回归直线对观测值的拟合程度越好；反之，R^2 的值越小，说明回归直线对观测值的拟合程度越差。

不同场景中，会有自己场景具体的指标定义，但本质上还是要将任务归为以上三种任务分类里面并使用通用指标计算。举例来说，计算机视觉中的检测任务会通过定义 IoU（Intersection over Union）及阈值来计算结果之间的差异并最终得到准确率和召回率。计算 IoU 的输入主要包括 ground-truth 的 bounding box（人工在训练集图像中标出要检测物体的大概范围）和预测的 bounding box，也就是说，这个标准用于测量真实和预测之间的相关度，相关度越高，该值越高，IoU 输出为值在［0，1］的数字。

（二）算子运行指标

算子运行指标一般指两个方面：算子运行使用的资源、算子运行的情况。算子运行使用的资源是指系统负载、CPU、内存、磁盘、网络、GPU 等的指标，较为通用，不再赘述；算子运行的情况主要指离线任务的运行时长、在线服务的请求延迟和吞吐量。

（三）线上线下一致性

线上线下一致性主要有完整性、准确性、有效性三个方面的指标。

（1）完整性：字段缺失比率是多少，其中多少比例字段整体缺失、多少比例字段部分缺失。

（2）准确性：对于结果预测是否准确，对于已知的错误结果是否准确复现。

（3）有效性：数字结果在小数点后多少位保持一致，枚举结果是否在预设集合中。

第四节　人工智能平台测试验证报告

考核知识点及能力要求：

- 了解人工智能平台测试验证报告内容；

- 了解人工智能平台测试验证报告格式；

- 能根据模板撰写人工智能平台测试报告。

一、人工智能平台测试验证报告内容

人工智能平台测试验证报告主要包括阐明测试目的、测试方案（主要包括环境、测试工具、测试用例、测试过程）、测试结果和分析、测试结论和意见等几部分。人工智能平台测试根据不同的测试目的，例如线下探索或生产服务等需求不同，测试的重点略微有所不同。当为了生产服务时，例如会测量整体预估服务的响应时间，响应时间由数据库交互时间（T1）、实时数据处理（T2）、实时模型预估（T3）三部分构成。同时测试目标还需要结合业务方的期望时间，例如金融反欺诈等重要业务服务，业务方对预估时间往往是有较为严格的要求，满足业务方需求也需要考虑到测试目标内。在拟订测试方案时，可考虑真实情况下数据集的情况，尽量使用和真实数据情况一致的测试数据来进行测试。

二、人工智能平台测试验证报告格式

报告个数主要包括封面、修订记录、目录、正文、参考文档等几部分。下面列举前面几部分的基本格式。

封面

人工智能平台反欺诈场景测试报告

××公司

2021 年 12 月 2 日星期四

修订记录

修订时间	修订人	修订记录	版本号

思考题

1. 人工智能平台主要组件有什么使用流程?

2. 人工智能平台主要组件的功能验证方法和性能验证方法有什么?

3. 人工智能平台特有测试验证环节有哪些?

4. 人工智能平台验证任务有什么特殊性?

5. 人工智能平台测试验证有什么持有指标?

6. 人工智能平台测试验证报告包含什么内容?

第五章
人工智能平台产品交付

人工智能平台产品交付环节是人工智能平台产品对终端用户的负责，同时也能够有效提升人工智能平台在不同场景中的契合程度。

- **职业功能：** 人工智能平台产品交付。
- **工作内容：** 针对人工智能平台功能和客户需求设计交付方案、开发并追踪交付流程。
- **专业能力要求：** 能绘制至少 1 类人工智能场景交付流程图，如计算机视觉、自然语言处理等；能安装人工智能平台的主要组件并完成交付流程；能给予业务场景编制产品交付方案。
- **相关知识要求：** 人工智能场景的主要环节和交付方法；人工智能平台的主要组件和安装、配置、调试的方法。

第一节　人工智能平台的交付方法

考核知识点及能力要求：

● 了解人工智能平台项目交付方法；

● 了解人工智能平台项目交付流程。

一、人工智能平台交付方法论

人工智能平台是一种基于赋能的软件服务组件集合体，因此人工智能平台交付方法论的核心理念就是赋能。人工智能平台交付方法论是由交付能力、交付标准和交付成果三个部分构成的，这就是人工智能平台交付方法论的三要素。在这三要素中，交付成果是目标，交付标准是保证，交付能力是关键，三者缺一不可，只要有一方面没有做到位，或者没有做好，就会影响人工智能平台的正常交付。

当前的人工智能平台交付存在着诸多问题，面临着一系列调整，交付过程中也有许多风险。如果不加以重视并有效应对，就会影响最终的交付质量甚至影响其他相关系统，严重的甚至会导致人工智能平台交付项目的失败。人工智能平台交付的这些问题、挑战和风险，主要集中在多样性、效率、技术信任、遗留系统、异构性等方面。

伴随着人工智能算法、框架和技术的不断涌现，人工智能平台交付出现了全新的要求和变化，具体表现在更新迭代速度加快，技术应用投产周期缩短，交付贴近上游应用服务的变化更多样化等。人工智能平台交付的这些新要求和新变化放在人工智能软件开源共享和全球化协作的大背景下，主要体现在满足业务适配的变化、满足技术融合的变化和满足团队协作的变化三个方面。

基于人工智能平台交付当前面临的主要挑战、新时代交付出现的新变化，人工智能平台需要建立一套行之有效的新交付流程来应对市场的发展。在进化中无论是平台使用方的企业组织还是平台提供方的交付组织都在追求交付速度更快、交付质量更好、交付成本更经济的交付目标，都在寻求让项目各干系人对交付结果满意度更高的目标。这种追求的目标和寻求的价值是人工智能平台交付方法论的核心内涵，并对人工智能平台交付流程建设提供充分指导。

快速交付的目标和价值，需要一系列的方法来实现和体现，主要表现为由管理、知识、方法和评价构成的快速交付方法体系。该方法体系是快速人工智能平台方法论的核心内容，也是对人工智能平台交付流程专业指导的精髓。从管理的维度强调能力、文化、量化和标准，从知识的维度强调高效、合适、清晰和规范，从方法的维度强调不同方法的适用范围、方法间的独立性和相互促进，从评价的维度强调用个人、团队、项目的绩效激励，用项目价值、经济价值和社会价值促进项目的高质量交付。

二、人工智能平台项目交付流程

项目交付流程是现代项目管理中的重要概念，作为项目的关键成功因素之一，项目交付流程对最终项目绩效有着极其重要的影响。

（一）需要规定项目交付流程的原因

人工智能平台项目交付流程不仅定义了人工智能平台项目参与各方的角色和责任，也从设计、规划和实施等活动顺序方面确定了项目的交付实施框架。对于某个具体的项目而言，项目交付流程的合理性和标准化极大地影响着该项目的实施速度、成本、质量，进而直接确定了项目实施的客户满意度，因此项目交付流程被视为一个关键成功因素。遵循科学合理的项目交付流程能够提高项目的交付绩效。

（二）人工智能平台交付流程

人工智能平台交付流程可划分为 5 个阶段：项目立项前阶段、项目计划阶段、项目实施阶段、试运行阶段、系统运维阶段。图 5-1 是项目管理阶段过程总图，给出了负责各阶段工作的主要关键角色，并界定了各阶段的管理边界。

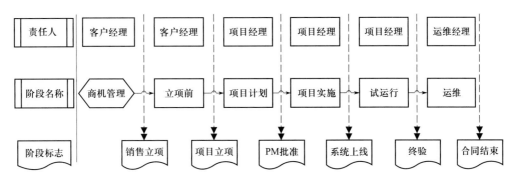

图 5-1 人工智能平台交付全流程

1. 角色定义

角色定义见表 5-1。

表 5-1 角色定义

角色	职能
销售	1. 客户关系维护 2. 交付过程中遇到重大问题时，牵头组织各方人员，输出应对方案
售前	1. 提供售前方案 2. 配合销售完成项目售前竞标相关方案编写工作 3. 负责 POC/POT 类项目整体进度把控
项目经理	1. 交付类项目立项发起工作 2. 编写项目总体计划 3. 组织项目启动会 4. 项目执行过程中总体协调 5. 总体把控项目实施成本、范围、进度和质量
交付架构师	1. 客户无基础计算资源时，架构师评估某人工智能平台所需的计算资源 2. 支持售前和销售，提供产品解决方案
实施负责人	1. 安排具体部署人员 2. 核查公司内部验证环境 3. 实施工程师在交付过程中遇到问题时，提供支持
实施工程师	1. 按照 PM（项目经理）计划输出各节点的产物 2. 解决交付现场遇到的问题，并记录反馈
交付测试工程师	1. 与 PM 沟通，输出测试用例 2. 负责客户现场功能验证 3. 输出测试报告
平台开发	1. 部署工具出现问题时，提供技术解决方案 2. 交付过程中出现缺陷时，提供技术解决方案
技术支持	1. 平台交付过程中，提供技术支持及问题跟踪反馈 2. 平台交付过程中，统一维护某人工智能平台安装包及 hotfix 包 3. 客户平台使用过程中出现问题时，提供技术支持

续表

角色	职能
运维经理	负责平台验收及客户方的整体项目管理
客户运维	1. 负责生产上线 2. 上线过程中出现问题时，邮件通知客户相关领导 3. 硬件资源监控

2. 交付流程

（1）交付准备阶段。

1）PM 输出。

第一，在项目合同签订后，向交付团队发出平台部署申请邮件，邮件内容必须按照部署申请模板输出。

第二，将客户对接人反馈的清单邮件给实施工程师核查，如果客户对申请的资源有异议，PM 与交付架构师沟通，确定后续沟通方案。

第三，向人工智能平台执照管理组申请执照，并转交至实施工程师。

第四，将实施工程师提供的安装包提交给客户。

2）交付输出。

第一，根据 PM 提供的项目计划，实施负责人落实具体的实施工程师（两名实施工程师 A、B，A 负责全部的实施工作，在 A 输出上线文档时，B 必须能按照 A 的文档在 UAT 环境完成模拟上线工作）。

第二，实施工程师 A 对 PM 反馈的清单确认，在公司内部开启部署案例，案例中的时间点与 PM 项目计划对应。

第三，实施工程师 A 根据清单提供的 os、hadoop、人工智能平台版本信息，在公司内部创建测验环境。

第四，实施工程师 A 对测验环境进行功能验证，完成后发邮件给交付负责人对验证结果进行审核。

第五，审核通过后将验证的安装包连同执照、MD5 验证文件一同提交至 PM。

（2）UAT 验证阶段。

1）实施工程师职责及输出产物。

第一，实施工程师 A 完成 UAT 环境搭建，确保平台正常运行。

第二，实施工程师 A 邮件周知 PM 及项目相关人员。

第三，实施工程师 A 在交付测试工程师功能验证期间进行技术支持。

第四，实施工程师 A 按照客户项目经理要求输出最终上线文档。

第五，实施工程师 B 能按照 A 产出的上线文档在 UAT 环境完成预上线工作（B 独立完成，A 不参与此活动）。

第六，如果实施工程师 B 确认 A 出的上线文档正确，实施工程师 B 给 PM、交付负责人邮件，说明上线文档已准备就绪，可以上线，否则，A 重新整理上线文档，B 持续验证，直到上线文档正确为止。

2）PM 职责。

第一，实施工程师在客户现场需要与客户沟通时，PM 能及时组织交流。

第二，在 UAT 部署完成后，PM 组织 QA 进场做功能验证。

第三，测试过程中遇到问题及时组织 TS、产品、研发人员解决。

第四，PM 组织客户相关人员进行功能确认。

第五，PM 负责将客户项目经理签字确认的功能验证报告归档。

3）QA 职责。

第一，按照 PM 事先与客户确认的测试案例进行功能测试，并输出功能确认报告。

第二，在测试中客户对产品功能或者测试方法等有疑问，将问题反馈给 PM。

第三，完成功能验证后邮件 PM 及实施工程师。

（3）上线。

1）PM 职责。

第一，与客户沟通，确定最终上线时间。

第二，上线期间，与实施工程师一同在现场，保障各方资源可协调。

第三，上线后，将上线结果邮件至公司相关人。

2）实施工程师职责。

第一，上线期间客户运维人员对上线文档有疑问时，能及时给出答复。

第二，协助客户运维人员完成上线工作。

第三，上线后做冒烟测试，与 PM、客户项目经理一起确认验证结果。

第四，发邮件将上线确认结果通知交付组。

（4）上线后问题处理 SLA 机制。

问题处理人员分为 L1 ～ L3 三个等级：

L1：场内运维人员；

L2：技术支持（Tech Support）；

L3：产品研发。

1）现场由客户向 L1 反馈问题，由场内 L1 及时联系 L2（TS）进行问题确认和分类，L1 反馈问题后，L2 第一时间记录工单，并且把工单号反馈给 L1，之后 L2 开始进行排查和解决。

2）L2 排查后如果在这一层无法解决，及时按照模块排班表在 JIRA 上提交工单给 L3 联系人进行排查。

3）L3 接收工单后确定问题优先级，并按优先级排查定位问题。同时如果需要，联系相关组 L3 或研发讨论问题原因，修复方案，以及在修复前绕过的方法。如果后端定位困难，可联系 L1 场内协助排查。

4）L3 与 L2 共同确认问题原因，修复计划和临时绕过方法，并在工单中更新。问题处理见表 5-2。

5）L2 向 L1 或客户反馈整体方案。

6）L3 按计划提供修复、QA 测试，运维开发出热更新包（Hotfix），交付团队部署，L1 或客户验证问题修复。

表 5-2　　　　　　　　　　　　　问题处理

等级	描述	解决时限
Block	系统 crash，导致模块级以上的功能或核心流程无法正常运行	一天以内提供故障分析与解决方案（workaround），一周之内给出修复版本（rootcause/hotfix）
Critical	主流程可以运行，多个核心功能无法正常使用或模型效果严重偏离正常结果，各项指标严重不符合预期	两天内提供故障分析与解决方案（workaround），一周之内给出修复版本（rootcause/hotfix）

续表

等级	描述	解决时限
Major	造成系统基本功能不可用，偶发类 Critical 缺陷。高优（P1）：问题必现，且影响用户实际场景使用。普通（P2）：问题必现，但不影响用户实际场景使用。低优（P3）：问题偶发，不影响用户实际场景使用	P1：一周内提供故障分析与解决方案（workaround），两周之内给出修复版本（rootcause/hotfix）。P2：两周内提供故障分析与解决方案，三周之内给出修复版本。P3：一个月内提供故障分析与解决方案，并给出修复版本
Minor	次要功能或者显示类的，文字错误类的	三个月内提供故障分析与解决方案，并给出修复版本
Trivial	建议性、易用性的缺陷，该类缺陷即使不修复也不影响使用	进入需求池，按需求池管理机制处理

（5）项目交付转售后。

项目上线成功一周后，即可进入转售后阶段，需要项目经理通过邮件发起转售后申请，申请需包含项目名称、项目经理、计划验收时间、计划运维开始时间等关键信息，申请经交付部门审批后交由售后部门，售后部门研究是否接受评估，如对交付项目有进一步意见，可上升至技术体系相关管理部门研究决定。在成功接受交付项目后，售后部门主要负责项目的巡检、故障检查、升级等相关工作。相关流程如图 5-2 所示。

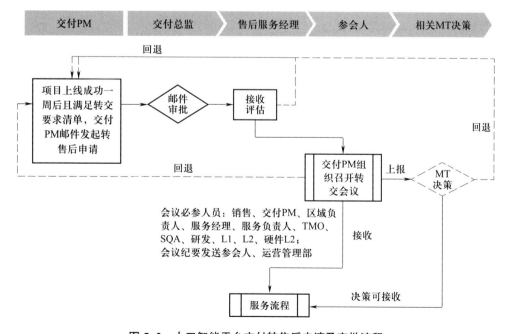

图 5-2　人工智能平台交付转售后申请及审批流程

第二节　人工智能平台交付场景

考核知识点及能力要求：

- 了解人工智能平台交付能力要求；
- 了解常见的人工智能平台场景交付样例。

一、人工智能平台交付场景的复杂性

人工智能平台的交付，因为平台自身及业务场景的原因，仍然面临着一系列挑战，需要充分认识到人工智能平台交付场景的复杂性，归纳起来，可以分为三类。

一是场景碎片化、需求差异化。对于人工智能平台提供商而言，每个客户的业务场景不同、数据治理基础不同、数据驱动业务的价值基础也不尽相同，这就使得人工智能平台不得不在主线产品上，额外进行定制化开发，并在交付过程中，针对客户业务场景的变化进行快速响应和迭代，不同客户用户端的可复制性弱从而带来了落地难的问题。

二是交付的复杂性。交付涉及诸多环节，如产品、施工、算法优化、信息系统打通、业务流程转型等，交付作为业务链后端部门，在协调前端资源时往往面临着信息差，如何把复杂的系统交付简单化，从而能在交付阶段快速识别问题，并针对性地组织，需要人工智能平台提供商从技术和商业维度一起来思考与应对。

三是成本的控制。交付及后续的售后流程是人工智能平台深入客户场景，持续产生业务价值的关键环节，交付满意度也是影响客户续约或续订的关键指标；但同样，交付环节流程长、问题多，对于成本管控提出了更高的要求，在保障交付质量的同时关注投入产出比非常必要，不计成本地应用建设不利于持续发展。

二、人工智能平台交付场景样例

（一）某人工智能平台反欺诈场景交付实例

1. 项目概述

首次基于某人工智能平台在线预估架构落地交付项目，客户交易量小，数据质量较差，反欺诈规则效果弱，属于信息化能力不强的中小型银行，故对人工智能平台没有额外定制化要求，在线预估所有组件均来自原生某人工智能平台，除对外暴露的接口外无任何定制化改造。场景交付全流程如图 5-3 所示。

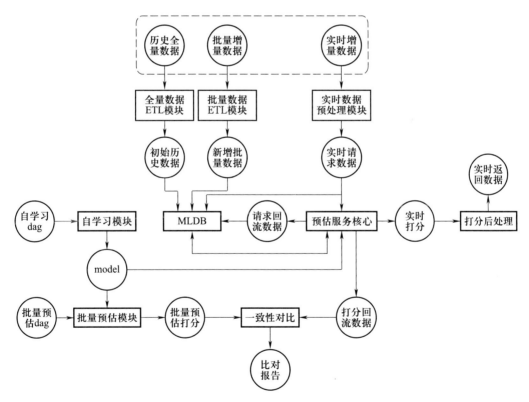

图 5-3 某人工智能反欺诈场景交付全流程

2. 数据质量

某年底每天的交易量为 200 多万笔，估算一个月大致为 7 000 万笔（数据量约为

43 G）。不过每年的交易量数据增长比较快，发卡量提高得比较快。

目前某银行信用卡的用户量估算为 2 000 多万人，每年新增几百万人不等。账户量也估算为 2 000 多万人。高危商户 1 851 个，2017 年、2018 年两年的欺诈量仅 3 000 多条。现有的反欺诈规则召回率高达 98%（诈骗案例上报极少），准确率低于 0.05%（误杀率超高），欺诈数据时间不准确，信息不全，拼不上交易表。

3. 资源情况

（1）硬件资源。硬件资源情况见表 5–3。

表 5–3 硬件资源

环境	类别	数量	配置
建模环境	hadoop	3	512G/20T（12T）
测试环境	hadoop		
生产环境	hadoop	4	512G/20T（12T）
	某人工智能平台管理	2	256G/5T
	某人工智能平台管理	3	256G/5T
	在线预估	2	512G/20T
	MLDB	3	256G/5T
	某人工智能平台		
	MLDB		

（2）软件版本。软件版本见表 5–4。

表 5–4 软件版本

名称	功能	版本号
某人工智能平台	机器学习平台	3.5.0
模型服务	在线预估服务	1.0.0
调度系统	任务调度系统	1.0.0
Kafka	消息队列	2.1.1
Mysql	某人工智能平台数据库	5.7.25
K8s	容器集群管理系统	1.8.14

续表

名称	功能	版本号
docker	容器平台	18.03.1
Zookeeper	分布式应用程序协调服务	3.4.10
nginx	网页服务器	1.13
MLDB	内存时序数据库	1.4.0

（3）人力需求。人力需求见表5–5。

表 5–5 人力需求

类别	子项	首次实际		今后预计		说明
		高级	初级	高级	初级	
设计	需求分析 / 架构设计	30		10		
	文档编写	10	10	10	10	
开发	模型服务开发 / 连调	10	6	5	6	
	调度系统算子开发 / 配置 / 调试	49	20	15	15	
	调研 / 跑通全流程	15	10			后续无须调研和验证平台可行性
建模	调研 / 理解 dag	10	10	5	5	
	dag 翻译	10	8			建模人员直接用 tfe 建模则无须翻译
	黑名单方案	13		5		
	效果对比	30	30	5	10	直接用 tfe 建模则免去了两种模型的离线对比
测试	功能 / 流程 / 性能	15	30	10	20	
上线		10	10	10	10	
合计		202	134	75	76	

4. 架构设计

架构设计如图5–4所示。

123

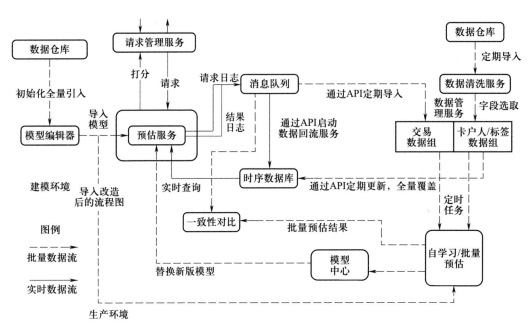

图5-4 某人工智能反欺诈场景交付架构设计

5. 建模对比步骤

建模对比步骤见表5-6。

表5-6 建模对比步骤

序号	环境	类型	数据量			内容
		pdms	MLDB	请求		
1	uat	纯离线	少量			对比新/老dag宽表所有列一致性
2	建模	纯离线	较大			抽样对比新/老dag宽表所有列一致性
3	建模	纯离线	全量			在相同的训练/验证数据集上，对比新/老dag的模型效果（auc/准确率）
4	uat	在线/离线	少量	少量	少量	在pdms和MLDB数据相同的前提下，将tfe模型与predictor/MLDB联调，比对相同交易请求在线打分与离线跑分的一致性，在线/离线宽表一致性
5	建模/生产	在线/离线	全量	2个月	少量	在pdms和MLDB都是真实数据的情况下，模拟上线，对比相同交易请求在线打分与离线的一致性
6	生产	在线/离线	全量	2个月	全量	上线一段时间之后，使用与在线预估相同时间片的交易流水和属性表进行批量预估，与kafka中回流的打分结果对比一致性

6. 上线部分

（1）调度系统功能点。调度系统功能点见表5-7。

表 5-7　　　　　　　　　　　　　　　　调度系统功能点

模块	说明	功能
数据 ETL	与客户方的数据源对接，进行数据校验、预处理、引入某人工智能平台等操作	1. 支持 ftp/ 本地文件 /kafka 2. 支持手动触发 / 定时引入 3. 数据校验：检查数据是否缺失，提纲是否合规，缺失告警 4. 支持文件预处理：字段选取、多个文件联合、分隔符替换、字段长度规整、group_by 等 5. 数据引入任务的监控：超时重试、失败重试、告警、日志 6. 重试可以跳过已经导入的文件 7. 支持外部定义好提纲后，批量导入多张表进某人工智能平台
离线调度	某人工智能平台离线任务的自动化调度及监控，包括自学习和批量预估。弥补某人工智能平台自带调度的不健全、不灵活之处	1. 批量预估 （1）检查数据组中需要的数据是否准备好 （2）支持手工触发 / 定时启动一次批量预估任务 （3）支持按分片序列号 / 按时间选取数据，支持使用自学习的模型组 / 自定义模型 prn （4）通过 API 轮询检查任务执行状态，失败重试、告警、日志 （5）监控到任务执行成功后，将生成的结果自动导出到其他模块 / 客户指定路径 （6）支持按（过去的）时间段自动 / 手工重跑批量预估任务（一致性模块会用到） 2. 自学习 （1）检查数据组中需要的数据是否准备好 （2）支持手工触发 / 定时启动一次自学习任务 （3）支持按分片序列号 / 按时间选取数据 （4）通过 API 轮询检查任务执行状态，失败重试、告警、日志 （5）对于新产生的模型，支持除默认指标之外的自定义评估指标（topN、准召率等） （6）目前某人工智能平台自学习只有训练 AUC，需要维护一份测试数据，对模型效果进行验证 3. 其他（非高优） （1）支持某些算子执行完成之后增加回调（用于统计） （2）支持某次任务失败后可以断点续跑 （3）支持中间数据清理：任务完成之后立即清理 / 历史某些时段数据按类别清理

续表

模块	说明	功能
在线调度	某人工智能平台在线应用组件（predictor、MLDB、kafka 等）的数据流调度	1. kafka （1）配置 kafka 数据存储周期，清理 kafka 数据 （2）定时 / 实时监控数据状态 （3）配置 kafka 保证每片数据只被一个消费者消费 2. kafka → MLDB （1）启动 / 停止 backflowService 消费 kafka 数据灌入 MLDB （2）实时 / 定时监控导入结果，监控流式服务活性 / 是否重复 （3）重启服务保证消费的数据不重复 3. kafka → pdms（可并入 ETL） （1）支持手动 / 定期导入 PDMS 的交易数据组 （2）监控数据引入任务状态（交易数据分片 meta 信息如何记录） 4. pdms → MLDB （1）支持手动触发 / 定期启动任务将属性表灌入 MLDB，全量覆盖 （2）监控任务状态，监控导入结果，记录日志 （3）支持数据选择策略，按分片序列 / 按时间选取属性表数据组中的数据 （4）支持冷启动时，按时间选择 PDMS 中某些交易数据灌入 MLDB
统计监控	对接行方告警系统，对环境资源、组件活性、任务成功与否、性能指标等进行统计和监控	1. 数据缺失、校验失败、任务失败报警 2. 资源环境监控：物理机内存、磁盘、CPU 用量监控并告警（行方自行实现） 3. K8s 平台 health-check 监控 4. 某人工智能平台 namespace（命名空间）下的 pod/ 预估服务 pod/ 模型服务 / 调度系统等组件活性的监控，非 running 则告警 5. 某人工智能平台 namespace 下 pod 的内存占用情况，长时间超过一定阈值则报警 6. MLDB 相关 （1）守护进程日志监控、nameserver 日志监控、tablet 日志监控 （2）主从同步监控，主从表 offset 差距过大则告警 （3）放置 / 取得 / 扫描功能可用性监控 7. 统计所有 pod 的重启次数，超过阈值报警，记录日志 8. 性能相关 （1）监控预估服务平均 / 最大响应时间，记录日志 （2）监控预估服务 TPS，记录日志

（2）模型服务功能点。模型服务功能点见表 5-8。

表 5-8 模型服务功能点

模块	说明	功能
协议转换	封装某人工智能平台 predictor，提供对外暴露的 TCP 服务	1. 支持通过配置，修改某人工智能平台 predictor 的 ip+port 2. 支持动态获取某人工智能平台 predictor 的 ip+port 3. 提供 TCP server 服务
请求数据处理	请求解析、校验、去重，构造 tfe 需要的业务字段	1. 解析请求的 xml 数据 2. 校验 xml 数据字段及格式 3. 通过 redis 对请求数据去重，重复则返回缓存打分 4. 对请求数据的字段做预处理，构造 tfe 需要的一些业务字段，保证和 MLDB/tfe 的提纲对齐
返回值处理	对某人工智能平台返回的打分做范围缩放	1. 支持根据配置，对返回的打分进行范围缩放（q 变换） 2. 支持根据配置，对结果保留若干位小数
kafka 蓄水	上线预热的时候将请求数据绕过某人工智能平台灌入 kafka	维护一个开关，通过配置打开／断开请求到 predictor 的通路 （1）打开则将请求转发给 predictor，由 predictor 回流 kafka （2）关闭则由模型服务将请求蓄水进 kakfa，返回一个固定值打分
配置／日志	维护服务配置，记录响应时间等	1. 支持通过配置修改超时时间 2. 通过记录日志，保存 predictor 模型服务的响应时间 3. 通过记录日志，保存请求并发量

（3）自学习。自学习使用调度系统进行配置和定时调度，只需在某人工智能平台的应用开发 IDE 完成 dag 改造，然后将 dag 和选片策略保存在调度系统中即可。

选片策略见表 5-9。

7. 性能与压力测试

双副本，每个节点 predictor：12c+10g，模型服务：10c+2g。

（1）压力测试。

tps：1 100 笔／每秒。在 30 并发的情况下达到 tps1 100，此时平均响应时间为 20 ms。逐渐增加并发量后 tps 不会上升，在 90 并发的时候平均响应时间为 100 ms。

表 5-9   选片策略

表名	类型	业务时间/数据组	选片策略	tag 标记	选择的数据量
交易表	增量，流水	STD_INT，带业务时间数据组	按分配时间选择，[0，720]	默认会打标签，但选取时不会使用	最近两年
欺诈表	全量，流水	无，普通数据组	按标签时间选择，[1，2]	数据第一次预入库时间	最近一片
卡片表	增量，拉链	无，普通数据组	按标签时间选择，[0，到最早上传]	数据第一次预入库时间	全量
账户慢变化	增量，拉链	无，普通数据组	按标签时间选择，[0，到最早上传]	数据第一次预入库时间	全量
卡片慢变化	增量，拉链	无，普通数据组	按标签时间选择，[0，到最早上传]	数据第一次预入库时间	全量
Blacklist 表	全量，拉链	无，普通数据组	按标签时间选择，[1，2]	数据第一次预入库时间	最近一片

（2）实际上线。

交易量：300 W/天，峰值 tps：100 左右。

某 AI 公司反欺诈服务平均响应时间：20 ms。

全流程响应时间 100 ms。

（二）某人工智能平台光学文字识别场景交付实例

1. 项目概述

某银行科技大数据部门有清分和识别两个需求场景，与该银行合作集中运营管理部门合作开发，为后端的业务系统提供智能票据录入支持，减少人工清分量，节约成本。总共有 16 类银行票据 + 其他一共 17 分类的服务，数据特点是每一种确定类别的票据也有不同的版式，样本较复杂。

2. 架构设计

准生产环境：没有 K8s 的管理，单独一台服务器，nvidia-docker 内训练模型。

开发测试环境：K8s node 节点，借助 K8s 对 gpu 的支持，不需单独配置 nvidia-docker。

生产环境：运行环境同开发测试。

三个环境彼此之间不能直接发起网络访问，有上传需求和模型迁出需求，需提工单，由银行方做审批，操作完成。

某人工智能平台 OCR 架构设计如图 5-5 所示。

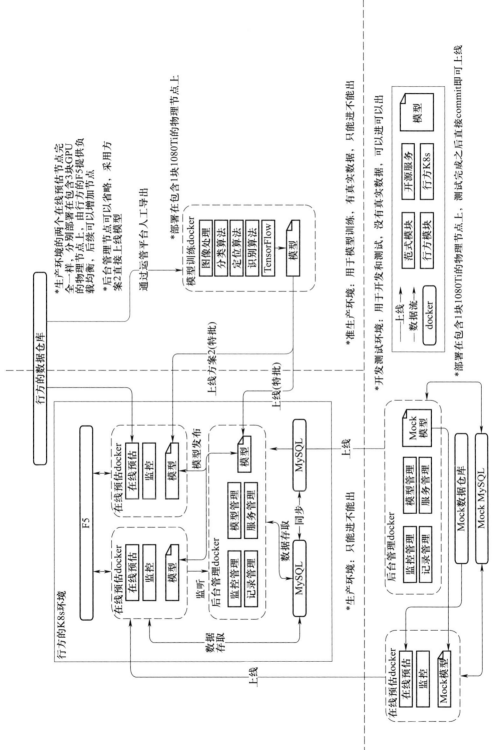

图 5-5　某人工智能平台 OCR 架构设计

3. 部署上线

因行内网络不通，不是每次都能重新构建新的镜像文件，而是基于准备好的 base 镜像（内有 python2.7、tensorflow-gpu 1.8、cuda9、cudnn7、相关依赖等），手工更新容器内代码至最新，然后镜像提交得到。图 5-6 为某人工智能平台 OCR 部署架构。

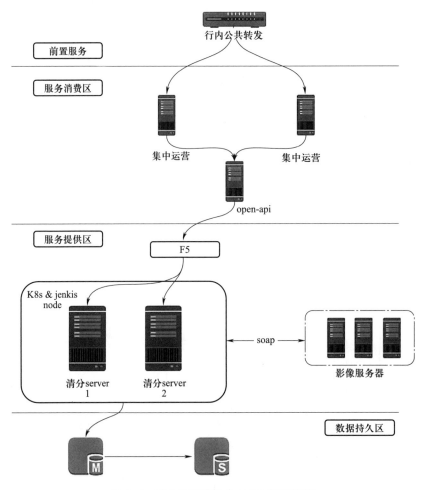

图 5-6 某人工智能平台 OCR 部署架构

思考题

1. 人工智能场景的交付方法及流程是什么？

2. 人工智能平台的主要组件有哪些？

3. 人工智能平台主要组件的安装、配置、调试的方法是什么？

第六章
人工智能平台产品运维

人工智能平台运维环节是整个平台产品能够长期稳定运行的保障，是平台产品持续产生价值的基石，是平台产品对外的最终一环。

- **职业功能：** 人工智能平台产品运维。

- **工作内容：** 针对人工智能平台的功能、性能、稳定性等方面进行持续且长期的关注，保证整体平台产品的稳定运行。

- **专业能力要求：** 能使用人工智能平台操作基本命令完成平台运维操作；能按照人工智能平台部署手册对产品进行部署升级；能够根据标准流程进行人工智能平台的日常巡查。

- **相关知识要求：** 人工智能平台的基本操作；人工智能平台的基本运维技术；人工智能平台的部署升级方法。

第一节　人工智能平台的安装部署方法与文档

考核知识点及能力要求：

● 了解人工智能平台运维方法；

● 了解人工智能平台运维文档规范；

● 能够撰写人工智能平台运维文档。

一、人工智能平台安装部署方法

（一）人工智能平台安装部署前准备工作

人工智能平台安装部署前需要有以下几个必要的准备工作。

1. 阐述自身架构

阐述自身架构能够让用户快速理解产品设计并且明白产品需要怎样的软件运行环境和硬件资源，能够快速带入角色从而配合后续的部署准备工作。阐述自身架构需要从以下三个方面来进行描述。

（1）产品架构图：对产品中用户可见的功能进行抽象归类，描述出各个功能之间的相互关联关系，从产品角度阐述有利于快速了解产品功能全貌和能力层次结构。人工智能平台产品架构如图 6-1 所示。

1）人工智能平台分为 4 个层级：数据接入层、AI 操作系统层、应用层与业务系统层。

2）数据接入层主要包括数据的传输、存储、数据库、对象存储和标注平台的支持。

3）AI 操作系统层是指企业级 AI 操作系统。通过面向 AI 时代的"数据治理""资源管理"和"应用开发"的三方面核心能力，连通底层基础设施与上层应用软件，为各类 AI 应用的开发与上线保驾护航，提供高实时、高性能、高可用的运行时支撑。

4）应用层包括应用软件和系统软件，应用软件包括：全流程、低门槛的 AI 应用开发与上线平台；自动决策类机器学习平台；知识图谱平台；应用商店的生态应用平台。系统软件包括：数据引入、文件管理、用户与租户管理、资源管理、通知与日志等。

5）业务系统层为上层的高级应用，例如，智能营销系统、智能风控系统、智能故障预测系统与智能客服系统等。

6）不同层级之间具有相互关联的关系，业务系统是以业务场景为导向的，一个业务系统可能会包含多个应用软件的能力与多个系统软件的能力。例如，一个智能故障预测系统包括 Studio 的 AI 应用开发、HyperCycle 的模型训练、对于知识图谱中专家知识的构建等应用软件功能，也包括数据引入、用户管理、进程管理、通知与日志等系统软件功能。

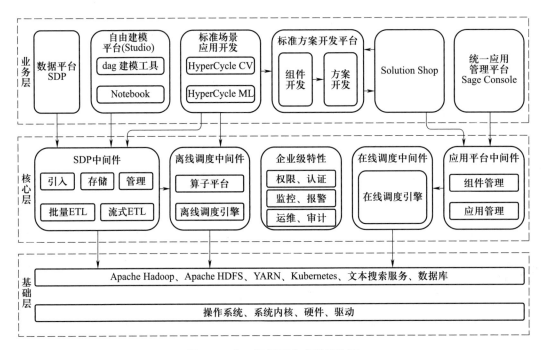

图 6-1　人工智能平台产品架构图

（2）逻辑架构图：是一系列模型图，这些模型图提供给系统相关人员来理解整个系统的构建逻辑和功能运行顺序，逻辑架构关注的是功能，包含用户直接可见的功能，还有系统中隐含的功能。或者更加通俗来描述，逻辑架构更偏向日常所理解的"分层"，例如，经常把一个项目分为"表示层、业务逻辑层、数据访问层"这样经典的"三层架构"。逻辑架构图可以参考图 6-2。

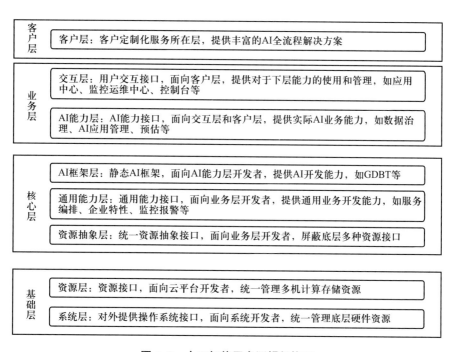

客户层　客户层：客户定制化服务所在层，提供丰富的AI全流程解决方案

业务层
　交互层：用户交互接口，面向客户层，提供对于下层能力的使用和管理，如应用中心、监控运维中心、控制台等
　AI能力层：AI能力接口，面向交互层和客户层，提供实际AI业务能力，如数据治理、AI应用管理、预估等

核心层
　AI框架层：静态AI框架，面向AI能力层开发者，提供AI开发能力，如GDBT等
　通用能力层：通用能力接口，面向业务层开发者，提供通用业务开发能力，如服务编排、企业特性、监控报警等
　资源抽象层：统一资源抽象接口，面向业务层开发者，屏蔽底层多种资源接口

基础层
　资源层：资源接口，面向云平台开发者，统一管理多机计算存储资源
　系统层：对外提供操作系统接口，面向系统开发者，统一管理底层硬件资源

图 6-2　人工智能平台逻辑架构图

1）人工智能平台是以 Kubernetes 集群与服务为支撑，分为多个组件：K8s 基础组件、应用基础组件、离线任务服务、深度学习计算集群与在线服务。

2）应用基础组件包括日志与监控、权限管理、离线任务管理、AI 数据管理、在线服务管理与 AI 编辑器。

3）日志与监控负责整个人工智能平台内部的日志采集与性能指标监控，对整个 AI 平台的正常运行提供保障。

4）权限管理包括应用级别的权限管理和数据级别的权限管理，前者对不同级别的用户设定不同功能的访问权限，后者对不同类型的数据设定不同的访问权限。

5）离线任务引擎包括批量预估模块、模型自学习模块和 pipeline 模块。其中模型自学习模块包含 Hadoop/Spark 集群与 HDFS 服务。其主要功能是对算法模型的训练与存储。

6）在线服务引擎包括先知平台的预估服务、Tensor Serving、PMML Serving 等，也包含时序数据库集群。

7）整个集群的数据持久化存储还包括：Mysql 集群、Docker 镜像仓库、Kafka、Zookeeper、Etcd 与 Elasticsearch。

（3）物理架构图：物理架构更关注系统、网络、服务器等集成设施。例如，什么样的硬件资源可以支持 1 000 人同时在线并提供 7×24 小时不间断服务。在理解系统产品架构和逻辑架构的基础上，根据物理结构来大致推断平台产品所需的软件环境要求和硬件资源要求等。物理架构图可以参考图 6-3。

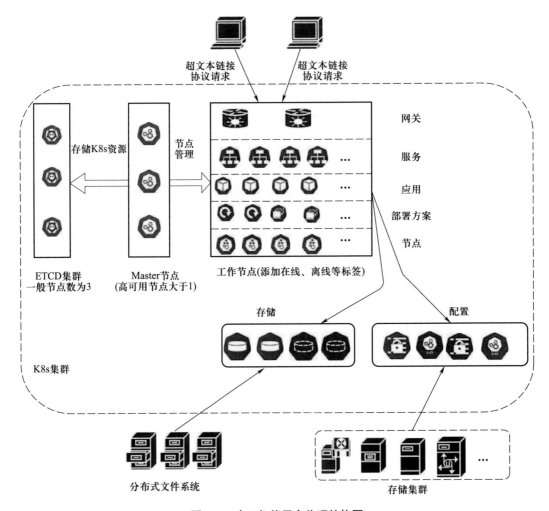

图 6-3　人工智能平台物理结构图

1）从物理架构来说，K8s 集群分为：ETCD 集群、Master 节点、工作节点、PV 与 PVC、Configmap 与 Secret 以及外部存储集群与客户端。

2）ETCD 集群存储 K8s 的资源，一般节点数为 3，Master 节点保证高可用节点大于 1，工作节点分为网关层、service、pod、deploy 或 daemonset、node，网关层由 ingress 与 gateway 组成，对接外部请求。Pod 层对接 PV 与 PVC 进而对接外部存储集群，通过 Configmap 和 Secret 的管理来实现对 Kafka、Mysql、Hadoop、Rtidb 存储的使用。

3）管理节点的服务统一通过网关组件来暴露，网关通过宿主机网络的方式暴露，会在多个 IP 上面暴露网关端口（可以由客户方提供的负载均衡器来实现高可用），在线服务集群统一通过 IP+Port 来暴露服务，可以通过客户方提供的负载均衡器来实现高可用。

2. 软件环境要求

在软件开发中流传一句话，"任何需求都可以通过增加一个中间层来解决"，从另一个角度来讲任何一个软件产品都处在庞大的软件体系的一个中间层上，因此人工智能平台通常会对底层的软件运行环境产生一定的依赖和要求。

这里的可能性非常多，人工智能平台可能会对操作系统类型和版本有要求，例如，某某平台要求底层操作系统必须是 Linux 特殊发行版 CentOS 并要求发行版版本号不低于 7.0 且不高于 8.0；或者因为人工智能平台经常运行大规模数据集合，因此某人工智能平台可能会对底层的大数据运行环境产生要求，必须是 Hadoop 特殊发行版 CDH 且要求发行版版本号在 2.7 与 3.0 之间等各种情况。下面再举例说明。

先知平台对于 Mysql 的配置需求是：版本 5.7.x（$x \geqslant 21$），外部最大连接数需要至少为 1 024，charset 为 utf8mb4，collate 为 utf8mb4_unicode_ci，先知需要获取 Mysql 权限：CREATE、DROP、INSERT、DELETE、SELECT。对于 Python 的配置需求是：部署安装脚本依赖 2.7，sdk 安装依赖 ≥ 3.5.2。对于 Kafka 的要求是，scala 版本 2.11，Kafka 版本是 1.1.0 或者 2.2.0，对于 ElasticSearch 的版本要求为 7.2.1。对于 K8s 的要求是 1.16.8，并且如果之前机器上有 K8s 需要清理掉，Dcoker 的版本为 18.09.8，过老的 Docker 版本会导致 K8s 的兼容性问题，平台的安装过程中会包含 Docker 的安装，如果之前机器上有 Docker，需要清理掉。操作系统内核的要求为 4.14.X 或者提供的自编译的 Kernel。

3. 硬件资源规划

软件不是无源之水、无根之木，软件的运行需要依赖 CPU、内存、磁盘、网络等硬件基础设施。同时硬件规格型号的不同、个体之间的差异，甚至是多种硬件之间的兼容性等多种问题都有可能影响到人工智能平台的性能和稳定性。资源规划在于帮助部署人员在不同交付和部署环境下选择最合适当前的部署方案和资源规划方案，因此对部署工程师的能力也产生了一定的要求。

可用性原则：对于私有化部署的分布式系统而言，可用性（稳定性）是部署架构和资源规划的前提条件，后续所有的内容都会围绕这个特性展开。

可用性的几个层面如下文所述。

（1）产品应用层：应用管理、在线服务、离线计算等产品应用层面的可用性，如 AIOS 管理界面、预估服务接口等。

（2）分布式系统：产品运行的基础环境或者依赖的服务，如 K8s 集群、Hadoop 集群、中间件集群、数据库应用。

（3）数据存储层：数据存储介质，如本地硬盘、NFS、ceph 等分布式文件系统。

（4）服务器网络：操作系统网卡、服务器上联交换机等。

（5）IDC：服务器机柜分布情况、交换机可用性。

（6）在 OS 运行的不同环境，如服务器、虚拟化（私有云、公有云）下，对于各层面的可用性考虑是不同的。

不同部署环境对于可用性的考虑如下文所述。

（1）服务器。

1）在我们自有机房使用服务器部署产品，五个层面的可用性均需要考虑。

2）在客户机房使用服务器部署产品，网络层向上需要考虑，IDC 层面需要向客户了解可用性情况。

（2）云服务器。

1）单纯使用私有或共有云服务器的情况下，数据存储层及以上需要考虑。

2）使用云服务（K8s、中间件、hadoop）的情况下，仅需要考虑产品应用的可用性。

各层面可用性的影响因素如下文所述。

（1）产品应用层。

1）各角色应用是否拆分：管理、在线、离线三种模块需要在部署上进行拆分。

2）产品应用是否有状态：有状态服务需要考虑相应的可用性，例如，数据需要持久化，持久化的方式是否存在单点问题。

3）同类型应用的资源隔离：CPU、内存、网络、IO（吞吐、IOPS），不同资源密集型的应用需要考虑资源隔离。

（2）分布式系统。

1）管理节点的可用性：例如K8s master、Hadoop master的可用性，可参考产品应用层考虑。

2）管理节点和性能节点的拆分：两者需要独立，保证各自的可用性以及扩展性。

（3）数据存储层。

1）本地硬盘：需要考虑硬盘raid类型、吞吐性能、IOPS性能、系统盘与数据盘独立。

2）分布式文件系统：由分布式系统保证可用性。

（4）服务器网络。

1）是否为双网卡，如果是单块网卡，需要由分布式系统和产品应用层保证可用性（单点情况下需要考虑）。

2）网卡性能：网卡性能（千兆、万兆等）需要和分布式存储一并考虑。

（5）IDC。

1）服务器在不同机柜合理分布：防止在机柜出问题的情况下，全部或者多数服务器受到影响，集群无法保证可用性。

2）上联网络设备的可用性：同理，防止单个网络设备的单点问题。

3）机房可用性：机房间的可用性，在特殊情况下也需要考虑。

（二）人工智能平台安装部署流程

人工智能平台的安装部署流程一般分为以下几个阶段。

1. 安装环境初始化

安装环境初始化有助于对人工智能平台依赖的操作系统、软件服务等进行统一的配置管理，减少安装过程中因非标准化配置带来的各类问题，提高安装部署成功率和系统整体稳定性。

（1）OS 操作系统层，某 AI 公司产品安装中一直缺少标准化和环境的统一配置管理，在交付之后会产生各种因为非标准化导致的问题。

（2）分布式系统安装之后的批量运维和一些环境管理（JDK 等）缺少标准化的安装方法和自动化安装方式，效率和稳定性均会受到影响。

（3）OS 层的标准化会解决在应用部署层面的不可预期问题，减少交付难度，提升交付部署效率。

（4）支持纯离线系统初始化。

（5）与已有部署工具和逻辑解耦，选择使用会提高部署质量、效率和稳定性，不选择也没有影响。

2. 获取人工智能平台安装包

安装包通常采用压缩包的格式以方便下载和传输，常见的压缩包格式有 zip、tar.gz 等。

（1）使用 wget 命令下载或使用 scp 从另一个节点拷贝安装包。

（2）解压 tar.gz 的安装包：tar-zxvf sys-init.tar.gz，解压 zip 的安装包：unzip sys-init.zip。

3. 修改平台安装配置文件

基于前文中"硬件资源规划"环节得到的最适合当前的部署方案和资源规划方案来调整配置文件，从而实现灵活部署和硬件资源的最大化利用。

例如，可以修改 K8s，hadoop，数据库中间件如 mysql、kafka、gpu 等组件的配置文件。

4. 安装人工智能平台

使用人工智能平台部署工具来安装部署人工智能平台，平台部署工具一般是由平台研发人员提供，通常是命令行工具也可能提供更加方便的 Web UI 工具。通常安装流程会被人为地拆分成多个可重复执行的独立步骤，可重复运行保障，一旦某次运行出现问题，可以在解决问题后重复执行当前步骤来继续安装。拆分多个独立步骤是为了避免整个安装周期过长，同时拆分出独立步骤也有利于安装工具聚焦当前问题，避免流水账脚本的产生。这个设计思路充分借鉴了 Unix 的设计哲学，"Write programs that do one thing and do it well（让程序只做好一件事）""Write programs to work together（让程序互相之间协作）""Write programs to use universal interface（让程序使用通用接口）"（这些设计哲学是由东·麦克提出，他本人是 Unix Pipe 的发明人，同时也是 Unix 的奠基人之一）。

（1）安装步骤总览。

1）检查操作系统满足清单范围；

2）物理机或者虚拟机节点功能分配已经确定；

3）安装节点可以免密登录到其他节点；

4）磁盘数量（组件之间推荐磁盘独立），磁盘格式化类型（ext4）、磁盘性能（ETCD、Mysql 要求 IPOS 较高）满足要求；

5）已经完成操作系统参数调优（有 system-int 辅助工具的话可以完成）。

```
#固定配置，无须修改
node_type_list=' k8s_master k8s_node hadoop_master hadoop_node hadoop_cm
nvidia_gpu_node mysql_master mw_node others '
#可选配置：用于在有统一 root 密码的情况下使用 sshpass
批量配置控制节点到所有节点的 root 账户 ssh 免密 #注：只能填写 IP
all_ip_list=' 172.27.10.2 '
#可选配置：统一 root 密码，非统一则不支持
passwd=' 123456 '
#可选配置：k8s 节点群组，填写 hostname
即可，注：根据实际情况填写，以下为示例
k8s_master=' k8s-master01 k8s-master02 k8s-master03 '
#可选配置：k8s 工作节点，升级内核功能默认会选择此群组服务器进行操作。
k8s_node=' k8s-node-system01 k8s-node-online01 k8s-node-offline01 '
#可选配置：hadoop master 群组,CDH 自动安装工具会在此节点自动安装 scm agent
hadoop_master=' cdh-master01 cdh-master02 cdh-master03 '
#可选配置：hadoop node 群组,CDH 自动安装工具会在此节点自动安装 scm agent
hadoop_node=' cdh-node01 cdh-node02 cdh-node03 '
#可选配置：cdh scm 管理节点,CDH 自动安装工具会在此节点自动安装 scm server
hadoop_cm=' cdh-scm01 '
#可选配置：中间件节点，jdk 安装脚本会自动在此群组节点配置 jdk 环境
mw_node=' mw-zk01 mw-zk02 mw-zk03 '
```

```
#可选配置：mysql 单点安装脚本会自动在此群组节点安装 mysql 服务
#注：可同时在多个节点安装 mysql，但不是集群
mysql_master=' cdh-scm01 '
#可选配置：GPU 自动安装脚本会在此群组节点安装配置 GPU 驱动
nvidia_gpu_node=' '
#nvidia driver 版本选择（440.33.01，450.51.05, 460.32.03）
nvidia_gpu_version='440.33.01'
#是否需要安装 cuda driver, 默认为 false
cuda_install='false'
```

（2）部署过程。

1）初始化：安装 ansible，创建软链接以及抽象各个模块配置文件至指定目录；

2）部署 K8s 集群：修改 K8s 节点文件与 K8s 部署配置文件，部署 K8s 集群；

3）部署 AIOS 部分：修改 AIOS 部分节点文件与 AIOS 部分配置文件，部署 AIOS 至 K8s 集群；

4）部署应用部分：同步配置文件，修改应用部分节点配置文件，部署应用至 K8s 集群；

5）部署中间件组件：修改中间件节点文件，修改中间件配置文件，部署中间件功能、JDK、Zookeeper、Kafka、Rtidb、Flink 等。

5. 人工智能平台部署后验证

部署后的验证环节能够确保人工智能平台部署安装流程正确和功能正常，是部署安装流程的最后一个环节，也是对人工智能平台终端用户的负责。

（1）检查 pod 是否都正常启动。

查看到先知所在的 namespace（命名空间）下面所有的 pod 是否都是 running 状态：k get pods –n prophet。

（2）查看容器异常日志。

1）通过…k get pods –n prophet…获得 pms 模块具体的 pod 名称；

2）通过…k log –f <pod name> –n prophet… ；

3）在有多个容器的情况下，需要使用 –c 命令指定某个容器，如…k logs –f <pod name> –n prophet –c 应用…。

（3）检查界面正常显示。

1）安装流程最后会给出一个服务器访问地址，访问并登录。

2）登录后检查桌面、模型调研 IDE、帮助文档显示正常。

（4）运行数据引入任务。

参考帮助文档快速上手部分的搭建开发环境和上传数据两个章节，确保数据引入任务可以成功运行。如果数据引入失败，请查看 log 解决。部署环境后数据引入失败常见原因是 hdfs 的权限配置不正确或者对接集群类型填写错误。

二、人工智能平台安装部署文档

（一）简介

1. 产品架构

让部署人员理解整个产品的宏观设计意图。

2. 部署架构

让部署人员理解整个产品的部署要求与软件硬件的不同模块。

3. 名词解释

让部署人员理解产品所涉及的专有名词的意义。

（二）安装要求

1. 软件环境要求

对于软件的操作系统版本、内核版本，依赖组件的特殊要求，方便部署人员更好地理解不同软件的具体要求。

2. 资源规划

对于软件运行环境的可行性分析与资源规划的建议，方便部署人员更好地根据自己的需求对资源进行合理规划。

（三）安装环境的标准化

1. 系统初始化

系统初始化包括初始化工具的介绍，安装配置与系统批量初始化操作，方便部署人员配置初始化环境。

2. 手工操作

磁盘检查（配置检查、挂载检查、格式化分区）、软件环境检查（关闭防火墙、检查 Hostname、NTP、GPU 驱动、进程与线程 LIMIT 数量），方便部署人员上手操作。

（四）安装步骤

1. 安装总览

帮助用户有一个完整的印象。充分了解部署过程中每个阶段所做的事情以及在整体过程中会产生什么影响。

2. 安装包的解压与初始化

按照推荐的方式解压安装包，可以更加方便地管理历史安装过程。同时在后续的过程中更方便寻找已有的配置信息，或者进行服务的回滚等操作。

3. 安装 K8s 集群

对微服务架构进行安装的配置，方便部署人员快速正确部署 K8s 集群。

4. 安装 AIOS

针对客户复杂、跨领域的大场景，以 AIOS 为底座，集成生态伙伴、定制服务等解决方案。AIOS 类比于集成 AI 基础能力的操作系统。基于 AIOS 提供能力，可以将解决方案等可以标准化的功能转换成 AIOS 上的应用，推送到 AIOS 的应用商店。

（1）安装产品应用：AIOS 部署完成后，在实际的使用过程中，通常需要根据场景的不同部署合适的应用。

（2）安装中间件：讲述如何部署 Zookeeper、Kafka、Flink 等中间件。

（3）部署后验证：方便部署人员确认系统以及成功安装。

（五）附录

1. 详细配置文件的说明

2. 对接数据库与存储

3. 卸载说明文档

第二节　人工智能平台的运维方法与文档

考核知识点及能力要求：

● 了解人工智能平台运维方法；

● 了解人工智能平台运维文档规范；

● 能够撰写人工智能平台运维文档。

一、人工智能平台运维方法

人工智能平台的运维主要集中在以下几个方面。

（一）升级

人工智能平台升级能够确保人工智能平台产品持续更新，持续优化，持续迭代，是为终端用户提供持续价值的最有力保证和承诺。升级过程可以理解为一次新的安装过程，根据影响范围可以分为整体升级、部分升级、热加载补丁三种情况。

1. 整体升级

整体升级是指所有产品模块统一升级，这种情况可以类比成一次带旧数据的重新安装。因为是所有模块统一升级所以升级兼容性强，但升级耗时长。

2. 部分升级

部分升级是指部分产品模块升级而其他产品模块维持原版本不变的情况，相比于整体升级，部分升级速度快，但因为涉及内部模块版本不一致，在升级前需要考虑各版本模块间是否兼容。

3. 热加载补丁

热加载补丁是指部分模块内部更新逻辑且并不发生模块重启的升级。热补丁加载通常是用来修复单个模块内部的行为错误，相比于前两种升级模型，热补丁加载方式速度最快，影响范围最小。

（二）备份

备份是为了保护系统已有资源和用户数据，为升级或迁移过程留后路，是人工智能平台运维的后悔药。根据数据规模，人工智能平台备份可以分为全量备份和增量备份两种情况。

1. 全量备份

全量备份是对某一个时间点上的所有数据或应用进行的一个完全拷贝，这种备份最大的好处是只用一盘磁带，就可以恢复丢失的数据，因此大大加快了系统或数据的恢复时间；缺点是各个全备份的磁带中数据存在大量的重复信息并且每次备份的数据量相当大，备份所需的时间较长。

2. 增量备份

增量备份是指异常全备份或上一次增量备份之后，以后每次的备份只需备份与之前一次相比所修改的文件。这种备份的显著优点是没有重复的备份数据，因此备份的数据量不大，所需时间较短。但这种备份的数据恢复过程比较麻烦，需要一次全备份和所有增量备份的数据，若其中有一部分损害则可能导致恢复失败，另外恢复时间也更长。

（三）扩缩容

扩缩容又称弹性伸缩，弹性伸缩是很重要的一个运维能力。弹性伸缩能够感知应用内各个实例的状态，并根据实例状态动态实现应用扩容、缩容，在保证服务质量的同时，提升应用的可用率。

（1）弹性伸缩可以更加有效利用资源，避免服务器太多造成的资源浪费，或服务器太少而造成的性能瓶颈甚至访问失败。

（2）K8s 集群支持通过 autoscale 命令对于 Deployment 的负载，例如，可以通过增加 targetCPUUtilizationPercen 标签 e：40 的配置参数对 CPU 的使用配置弹性伸缩。

（3）弹性伸缩的测试验证是验证系统或者应用能力的有效测试手段，一般可以使用 ab 命令进行测试。

（四）监控

通过监控软件观察和跟踪人工智能平台上的用户、应用程序的操作和活动，来监督人工智能平台整体运行情况，并向系统管理员提供报告服务。图 6-4 展示了某人工智能平台软件监控方案。

（1）人工智能平台的监控可以智能化地接入人工智能平台的应用里面，例如，KPI 指标的异常检测和日志的异常检测应用，都可以对人工智能平台系统的监控数据进行检测。

（2）人工智能平台的业务有可能是很多重要的业务系统不可或缺的组成部分，所以维护人工智能平台的高可用，构建对人工智能平台的自我监控与外部监控都是必要的。

（3）通常运维领域数据的人工智能平台也被叫作智能运维（AIOps）平台，通过诸如异常检测、告警收敛、根因分析、故障预测等技术手段对运维数据进行深入挖掘与分析，使得平台的运维更自动和智能。

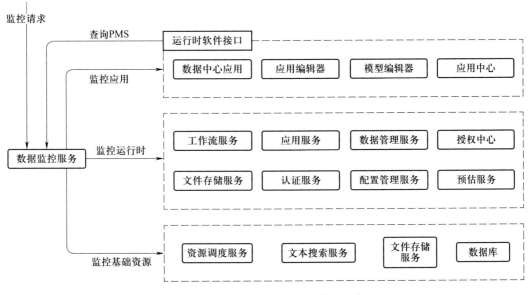

图 6-4　某人工智能平台软件监控方案

147

二、人工智能平台运维文档

（一）运维文档的规格

1. 产品与部署架构（参见人工智能平台安装部署文档的规格）

2. 智能化运维流程

（1）自动化运维：

1）数据采集与脚本平台；

2）自动化流程编排与审计。

（2）异常检测：

1）指标异常检测；

2）日志异常检测。

（3）告警收敛：

1）异常关联分析；

2）告警压缩与过滤。

（4）根因分析：

1）告警事件的根因分析；

2）基于拓扑图的根因分析。

（5）故障预测：

1）内存故障预测；

2）硬盘故障预测。

3. 运维指南与最佳实践

（1）升级：

1）整体升级；

2）部分升级；

3）热加载补丁。

（2）备份：

1）全量备份；

2）增量备份。

（3）扩缩容：

1）阈值与规则；

2）容量预测算法。

（4）监控：

1）采集模式；

2）时序数据的存储；

3）可视化展示。

思考题

1. 人工智能平台运维方法是什么？

2. 人工智能平台的安装部署流程分为哪几个阶段？

3. 人工智能平台运维文档有哪些规范准则？

4. 人工智能平台的基本运维技术有哪些？

5. 人工智能平台的部署升级方法是什么？

参考文献

［1］张磊磊.《2019 年人工智能发展白皮书》发布［J］.金融科技时代，2020.

［2］王焕宁.人工智能芯片国产化路径浅析［J］.科学技术创新，2019.

［3］朱洪斌，周春云.国产人工智能平台应用推广［J］.电子制作，2021.

［4］王洋，于君.产业基础高级化、产业链现代化路径研究——以新一代信息技术基础产业为例［J］.经济论坛，2021.

［5］D.库伯.体验学习：让体验成为学习和发展的源泉［M］.上海：华东师范大学出版社，2008.

［6］孙荣恒.应用数理统计［M］.3 版.北京：科学出版社，2014.

［7］周志华.机器学习［M］.北京：清华大学出版社，2015.

［8］张安定.遥感原理与应用题解［M］.北京：科学出版社，2016.

［9］李航.统计学习方法［M］.北京：清华大学出版社，2012.

［10］冯晓磊.近邻传播聚类算法研究［D］.郑州：解放军信息工程大学，2011.

［11］Ester M，Kriegel H P，Sander J，et al. A Density-Based Algorithm for Discovering Clusters in Large Spatial Databases with Noise［J］. AAAI Press，1996.

［12］郑煜.结构化数据异构同步技术的研究［D］.北京：北京林业大学，2013.

［13］马惠芳.非结构化数据采集和检索技术的研究和应用［D］.上海：东华大学，2013.

［14］叶小平，汤庸，汤娜，等．数据库系统教程［M］．2版．北京：清华大学出版社，2012.

［15］殷瑞刚，魏帅，李晗，等．深度学习中的无监督学习方法综述［J］．计算机系统应用，2016（8）：7.

［16］Sculley D，Holt G，Golovin D，et al. Hidden Technical Debt in Machine Learning Systems［J］. Advances in neural information processing systems，2015.

［17］戴淑芬．管理学教程［M］．北京：北京大学出版社，2009.

［18］张学工．关于统计学习理论与支持向量机［J］．自动化学报，2000.

［19］何明．大学计算机基础［M］．南京：东南大学出版社，2015.

［20］维克托·迈尔·舍恩伯格，肯尼思·库克耶．大数据时代［M］．杭州：浙江人民出版社，2012.

［21］Low Y，Gonzalez J E，Kyrola A，et al. GraphLab：A New Framework For Parallel Machine Learning［J］. Computer Science，2014.

［22］Mohri M，Rostamizadeh A，Talwalkar A. Foundations of machine learning［M］. Cambridge：Foundations of Machine Learning，2012.

［23］邱锡鹏．神经网络与深度学习［J］．中文信息学报，2020.

［24］Krizhevsky A，Sutskever I，Hinton G. ImageNet Classification with Deep Convolutional Neural Networks［J］. Advances in neural information processing systems，2012.

后　记

　　在如今的社会环境中，人工智能成为重心，同时改善了数十亿人的生活，在诸多领域遍地开花，领域覆盖制造、交通、电力、金融、互联网等各行各业。人工智能产业规模增长迅速，但由于行业技术密集程度高、从业人员学历要求显著高于其他领域等原因，我国人工智能产业人才队伍还存在较大缺口。

　　《中华人民共和国国民经济和社会发展第十四个五年规划和2035年远景目标纲要》提出，发展算法推理训练场景，推动通用化和行业性人工智能开发平台建设。为深入实施人才强国战略，加强全国专业技术人才队伍建设，促进专业技术人才能力素质提升，根据国家"十四五"规划和2035年远景目标纲要，人力资源社会保障部、财政部、工业和信息化部、科技部、教育部、中国科学院联合发布《专业技术人才知识更新工程实施方案》，以进一步加强专业技术人才队伍建设，推进专业技术人才继续教育工作。

　　2019年4月，《人力资源社会保障部办公厅　市场监管总局办公厅　统计局办公室关于发布人工智能工程技术人员等职业信息的通知》（人社厅发〔2019〕48号）发布。

　　在人力资源社会保障部、工业和信息化部的部署和指导下，中国电子技术标准化研究院牵头开展《人工智能工程技术人员国家职业技术技能标准（2021年版）》（以下简称《标准》）的研制工作，北京航空航天大学、百度在线网络技术（北京）有限公司、上海依图网络科技有限公司、上海燧原科技有限公司、上海商汤智能科技有限公司、星云融创科技有限公司、北京旷视科技有限公司、科大讯飞股份有限公司、北京易华录信息技术股份有限公司、中国机械工程学会、第四范式（北京）技术有限公司、北京来也网络科技有限公司、青岛伟东云教育集团有限公司、中国国信信息总公司等单位共同编写。2021 年 9 月，《标准》由人力资源社会保障部、工业和信息化部联合发布（详见人社厅发〔2021〕70 号《人力资源社会保障部办公厅 工业和信息化部办公厅关于颁布集成电路工程技术人员等 7 个国家职业技术技能标准的通知》）。

为更好地指导人工智能从业人员开展技术技能培训和评价，补充人工智能人才缺口，根据《标准》，人力资源社会保障部专业技术人员管理司指导中国电子技术标准化研究院，组织有关专家开展了人工智能工程技术人员培训教程（以下简称教程）的编写工作，用于全国专业技术人员新职业培训。

人工智能工程技术人员是从事与人工智能相关算法、深度学习等多种技术的分析、研究、开发，并对人工智能系统进行设计、优化、运维、管理和应用的工程技术人员，共设三个等级，分别为初级、中级、高级。初级、中级、高级均设五个职业方向：人工智能芯片产品实现、人工智能平台产品实现、自然语言及语音处理产品实现、计算机视觉产品实现、人工智能应用产品集成实现。

与此相对应，教程也分为初级、中级、高级培训教程，分别对应其专业技术考核要求。此外，《人工智能工程技术人员基础知识》对应标准基本要求部分。《人工智能工程技术人员基础知识》教程是各等级培训教程的基础。

在使用本系列教程开展培训时，应当结合培训目标与受训人员的实际水平和专业方向，学习应掌握的内容。在人工智能工程技术人员各专业技术等级的培训中，《人工智能工程技术人员基础知识》是初级、中级、高级工程技术人员都需要掌握的；各职业方向培训过程中，可以根据培训方向与受训人员实际，选择掌握人工智能芯片产品实现、人工智能平台产品实现、自然语言及语音处理产品实现、计算机视觉产品实现、人工智能应用产品集成实现五个职业方向的相应内容。培训考核合格后，获得相应证书。

初级教程是《人工智能工程技术人员（初级）——人工智能芯片产品实现》《人工智能工程技术人员（初级）——人工智能平台产品实现》《人工智能工程技术人员（初

级）——自然语言及语音处理产品实现》《人工智能工程技术人员（初级）——计算机视觉产品实现》《人工智能工程技术人员（初级）——人工智能应用产品集成实现》。上述五册分别涵盖了《标准》中相应职业方向初级应具备的专业能力和相关知识要求。

本教程适用于大学专科学历（或高等职业学校毕业）及以上，电子信息类、自动化类、计算机类等工科专业学习背景，具有较强的学习能力、计算能力、表达能力和逻辑思维能力，参加全国专业技术人员新职业培训的人员。

人工智能工程技术人员需按照《标准》的职业要求参加有关培训课程，取得学时证明。初级 64 标准学时，中级 80 标准学时，高级 80 标准学时。

本教程是在人力资源社会保障部、工业和信息化部相关部门指导下，由中国电子技术标准化研究院组织编写，来自北京航空航天大学、西安交通大学、华南理工大学、江南大学、南京理工大学、华中科技大学、上海商汤智能科技有限公司、第四范式（北京）科技有限公司、北京数美时代科技有限公司、北京易华录信息技术股份有限公司、武汉船用机械有限责任公司、北京来也网络科技有限公司等高校及科研院所、企业的人工智能领域的核心专家参与了编写和审定，同时参考了多方面的文献，吸收了许多专家学者的研究成果，在此表示衷心感谢。

由于编者水平、经验与时间所限，本书的不足与疏漏之处在所难免，恳请广大读者批评与指正。

本书编委会

2022 年 11 月